Das Wesen der Natur

Alfred North Whitehead OM studierte Mathematik und Naturwissenschaften an der Universität Cambridge und wurde später Professor für Mathematik an der University of London. Zusammen mit Bertrand Russell veröffentlichte er zwischen 1910 und 1913 das bahnbrechende Werk "Principia Mathematica", das bis heute als Klassiker der Logik gilt. Während seiner Zeit in London von 1911 bis 1924 beschäftigte sich Whitehead intensiv mit Fragen der Naturphilosophie, Wissenschaftstheorie und Erziehung. Nach seiner Berufung an die Harvard University im Jahr 1924 widmete er sich hauptsächlich der Ausarbeitung seiner prozessphilosophischen Metaphysik. Alfred North Whitehead starb am 30. Dezember 1947 in Cambridge, Massachusetts.

Über das Buch:

Alfred North Whiteheads "Das Wesen der Natur" revolutioniert das Denken über den Umgang der Naturwissenschaften mit der Philosophie. In diesem Werk sucht er nach einer alternativen Antwort auf die Frage, wie sich die Natur beschreibt und versteht. Er erforscht die Wechselwirkungen zwischen Mathematik und Philosophie und stellt tiefschürfende Fragen über die Natur des Universums. Whitehead liefert Antworten, die zu weitreichenden Einsichten führen und die Welt der Wissenschaft auf den Kopf stellen. Eine fesselnde Reise durch das Wesen der Natur. Doch kann er den Konflikt zwischen Wissenschaft und Philosophie wirklich lösen und findet Whitehead die Antwort auf die Frage nach dem Wesen der Natur?

Stichworte:

- Philosophie
- Physik
- Mathematik
- Natur
- Raum
- Zeit
- Relativitätstheorie

DAS WESEN DER NATUR

DIE TARNER-VORLESUNGEN
GEHALTEN AM TRINITY COLLEGE
NOVEMBER 1919

VON

ALFRED NORTH WHITEHEAD

Neu-Übersetzung 2023

ToppBook Wissen Bd. 70

Bibliografische Information der Deutschen Nationalbibliothek:
Die Deutsche Nationalbibliothek verzeichnet diese Publikation in der
Deutschen Nationalbibliografie; detaillierte bibliografische Daten
sind im Internet über dnb.dnb.de abrufbar

Neuübersetzung 2023
Alle Rechte vorbehalten

© 2023 Alfred North Whitehead

Herstellung und Verlag: BoD – Books on Demand, Norderstedt
ISBN: 978-3-7460-2821-7

Inhaltsverzeichnis

Alfred North Whitehead

VORWORT

Der Inhalt dieses Buches wurde ursprünglich im Herbst 1919 am Trinity College als Eröffnungskurs der Tarner-Vorlesungen gehalten. Die Tarner-Vorlesung ist ein gelegentliches Amt, das durch die Großzügigkeit von Herrn Edward Tarner begründet wurde. Die Aufgabe jedes der aufeinanderfolgenden Inhaber dieses Amtes ist es, einen Kurs über "die Philosophie der Wissenschaften und die Beziehungen oder das Fehlen von Beziehungen zwischen den verschiedenen Wissensgebieten" zu halten. Das vorliegende Buch verkörpert das Bemühen des ersten Dozenten der Reihe, seine Aufgabe zu erfüllen.

Die Kapitel behalten ihre ursprüngliche Vortragsform bei und werden mit Ausnahme kleinerer Änderungen zur Beseitigung von Unklarheiten in der Ausdrucksweise so wiedergegeben. Die Vortragsform hat den Vorteil, dass sie eine Zuhörerschaft mit einem bestimmten geistigen Hintergrund suggeriert, den der Vortrag in einer bestimmten Weise verändern soll. Bei der Präsentation einer neuartigen Sichtweise mit weitreichenden Verzweigungen reicht eine einzige Kommunikationslinie von den Prämissen zu den Schlussfolgerungen nicht aus, um verständlich zu sein. Ihre Zuhörer werden alles, was Sie sagen, in Übereinstimmung mit ihrer bereits bestehenden Sichtweise interpretieren. Aus diesem Grund sind die ersten beiden Kapitel und die letzten beiden Kapitel für die Verständlichkeit unerlässlich, obwohl sie kaum zur formalen Vollständigkeit der Darstellung beitragen. Sie sollen verhindern, dass der Leser auf der Suche nach Missverständnissen auf Nebengleise gerät. Aus demselben Grund vermeide ich die bestehende Fachterminologie der Philosophie. Die moderne Naturphilosophie ist durch und durch mit dem Irrtum der Bifurkation durchsetzt, der im zweiten Kapitel dieses Werkes diskutiert wird. Dementsprechend setzen alle ihre Fachbegriffe auf subtile Art und Weise ein Missverständnis meiner These voraus. Es ist vielleicht ebenso gut, ausdrücklich festzustellen, dass kein Wort von dem, was ich hier geschrieben habe, verständlich sein wird, wenn der Leser sich dem oberflächlichen Laster der Bifurkation hingibt.

Die letzten beiden Kapitel gehören nicht richtig zum Spezialkurs. Kapitel VIII ist eine Vorlesung, die im Frühjahr 1920 vor der chemischen

Gesellschaft der Studenten des Imperial College of Science and Technology gehalten wurde. Es wurde hier angefügt, da es die Lehre des Buches für ein Publikum mit einer bestimmten Art von Anschauung bequem zusammenfasst und anwendet.

Dieser Band über den "Begriff der Natur" ist ein Begleitbuch zu meinem früheren Werk *Eine Untersuchung über die Grundsätze der natürlichen Erkenntnis*. Beide Bücher können unabhängig voneinander gelesen werden, aber sie ergänzen sich gegenseitig. Zum Teil liefert das vorliegende Buch Gesichtspunkte, die in seinem Vorgänger ausgelassen wurden; zum Teil durchläuft es dasselbe Terrain mit einer alternativen Darstellung. Zum einen wurde die mathematische Notation sorgfältig vermieden, und die Ergebnisse der mathematischen Ableitungen werden vorausgesetzt. Einige der Erklärungen wurden verbessert und andere in ein neues Licht gerückt. Andererseits wurden wichtige Punkte der früheren Arbeit weggelassen, wenn ich nichts Neues dazu zu sagen hatte. Im Großen und Ganzen stützt sich das frühere Werk vor allem auf Ideen, die direkt aus der mathematischen Physik ( ) stammen, während sich das vorliegende Buch näher an bestimmte Bereiche der Philosophie und der Physik hält, ohne die Mathematik zu berücksichtigen. Die beiden Werke treffen sich in ihren Diskussionen über einige Details von Raum und Zeit.

Ich bin mir nicht bewusst, dass ich meine Ansichten in irgendeiner Weise geändert habe. Es wurden einige Entwicklungen vorgenommen. Diejenigen, die sich für eine nicht-mathematische Darstellung eignen, wurden in den Text aufgenommen. Die mathematischen Entwicklungen werden in den letzten beiden Kapiteln angedeutet. Sie betreffen die Anpassung der Prinzipien der mathematischen Physik an die Form des Relativitätsprinzips, die hier beibehalten wird. Einsteins Methode, die Tensortheorie zu verwenden, wird übernommen, aber die Anwendung wird auf anderen Wegen und unter anderen Annahmen erarbeitet. Diejenigen seiner Ergebnisse, die durch Erfahrung verifiziert wurden, werden auch durch meine Methoden erhalten. Die Divergenz ergibt sich vor allem aus der Tatsache, dass ich seine Theorie des ungleichförmigen Raums oder seine Annahme über den besonderen fundamentalen Charakter der Lichtsignale nicht akzeptiere. Ich möchte jedoch nicht missverstanden werden, dass ich den Wert seiner jüngsten Arbeit über die allgemeine Relativitätstheorie nicht zu schätzen weiß, die das große Verdienst hat, zum ersten Mal den Weg aufzuzeigen, auf dem die mathematische Physik im Lichte des Relativitätsprinzips vorgehen sollte. Aber meines Erachtens hat er die Entwicklung seiner brillanten mathematischen Methode in die engen Grenzen einer sehr zweifelhaften Philosophie gezwängt.

Das Ziel des vorliegenden Bandes und seines Vorgängers ist es, die Grundlagen einer Naturphilosophie zu legen, die die notwendige Voraussetzung für eine reorganisierte spekulative Physik ist lative Physik. Die allgemeine Assimilation von Raum und Zeit, die das konstruktive Denken beherrscht, kann von Seiten der Wissenschaft und auch der nachfolgenden Relativisten die unabhängige Unterstützung Minkowskis beanspruchen, während sie von Seiten der Philosophen, so glaube ich, ein Thema der vor einigen Jahren gehaltenen, aber noch nicht veröffentlichten Gifford-Vorlesungen von Prof. Alexander war. Er fasste seine Schlussfolgerungen zu dieser Frage auch in einem Vortrag vor der Aristotelischen Gesellschaft im Juli 1918 zusammen. Seit der Veröffentlichung von *An Enquiry concerning the Principles of Natural Knowledge* hatte ich den Vorteil, C. D. Broad's *Perception, Physics, and Reality* [Camb. Univ. Press, 1914] zu lesen. Dieses wertvolle Buch hat mir bei meiner Erörterung in Kapitel II geholfen, obwohl ich nicht weiß, inwieweit Herr Broad meinen dort dargelegten Argumenten zustimmen würde.

Es bleibt mir nur noch, den Mitarbeitern der Universitätspresse, ihren Setzern, ihren Korrekturlesern, ihren Angestellten und ihren Verwaltungsbeamten zu danken, nicht nur für die technische Exzellenz ihrer Arbeit, sondern auch für die Art und Weise, wie sie zusammengearbeitet haben, um meine Bequemlichkeit zu sichern.

A. N. W.

IMPERIAL COLLEGE OF SCIENCE
AND TECHNOLOGY
APRIL, 1920.

DAS WESEN DER NATUR

KAPITEL I
NATUR UND DENKEN

Der Gegenstand der Tarner-Vorlesungen ist nach der Definition des Stifters "die Philosophie der Wissenschaften und die Beziehungen oder das Fehlen von Beziehungen zwischen den verschiedenen Gebieten des Wissens". Es ist angebracht, bei der ersten Vorlesung dieser neuen Stiftung einige Augenblicke bei den Absichten des Stifters, wie sie in dieser Definition zum Ausdruck kommen, zu verweilen; und ich tue dies um so bereitwilliger, als ich dadurch in die Lage versetzt werde, die Themen einzuführen, denen der vorliegende Kurs gewidmet werden soll.

Meiner Meinung nach ist es gerechtfertigt, den zweiten Satz der Definition als Teil der Erklärung des ersten Satzes zu betrachten. Was ist die Philosophie der Wissenschaften? Es ist keine schlechte Antwort, wenn man sagt, dass sie das Studium der Beziehungen zwischen den verschiedenen Wissensgebieten ist. In bewundernswerter Sorge um die Freiheit des Lernens wird in die Definition nach dem Wort "Beziehungen" die Formulierung "oder das Fehlen von Beziehungen" eingefügt. Eine Widerlegung der Beziehungen zwischen den Wissenschaften würde an sich eine Philosophie der Wissenschaften darstellen. Aber wir könnten weder auf den ersten noch auf den zweiten Satz verzichten. Es ist nicht jede Beziehung zwischen den Wissenschaften, die in ihre Philosophie eingeht. Zum Beispiel sind Biologie und Physik durch den Gebrauch des Mikroskops miteinander verbunden. Dennoch kann ich mit Sicherheit behaupten, dass eine technische Beschreibung der Verwendung des Mikroskops in der Biologie nicht Teil der Philosophie der Wissenschaften ist. Auch hier kann man nicht auf die spätere Klausel der Definition verzichten, die sich auf die Beziehungen zwischen den Wissenschaften bezieht, ohne den ausdrücklichen Verweis auf ein Ideal aufzugeben, ohne das die Philosophie aus Mangel an intrinsischem Interesse verkümmern muss. Dieses Ideal ist die Verwirklichung eines vereinheitlichenden Begriffs, der alles, was es an Wissen, Gefühl und Emotion gibt, in ein bestimmtes Verhältnis zueinander setzt. Dieses ferne Ideal ist die treibende Kraft der philosophischen Forschung; und es verlangt Gefolgschaft, selbst wenn man es vertreibt. Der philosophische Pluralist ist ein strenger Logiker; der Hegelianer lebt von Widersprüchen mit Hilfe seines Absoluten; der mohammedanische Göttliche verneigt sich vor dem schöpferischen Willen Allahs; und der Pragmatiker schluckt alles, solange es "funktioniert".

Die Erwähnung dieser großen Systeme und der jahrhundertelangen Kontroversen, denen sie entspringen, mahnt uns zur Konzentration. Unsere Aufgabe ist die einfachere Aufgabe der Philosophie der Wissenschaften. Eine Wissenschaft hat bereits eine gewisse Einheit, die der Grund dafür ist, dass die Gesamtheit des Wissens instinktiv als Wissenschaft anerkannt wird. Die Philosophie einer Wissenschaft ist das Bestreben, die verbindenden Merkmale, die diesen Gedankenkomplex durchdringen und ihn zu einer Wissenschaft machen, ausdrücklich zum Ausdruck zu bringen. Die Philosophie der Wissenschaften - verstanden als ein Fach - ist das Bestreben, alle Wissenschaften als eine Wissenschaft darzustellen oder - im Falle einer Niederlage - eine solche Möglichkeit zu widerlegen.

Auch hier werde ich eine weitere Vereinfachung vornehmen und mich auf die Naturwissenschaften beschränken, d.h. auf die Wissenschaften, deren Gegenstand die Natur ist. Indem ich für diese Gruppe von Wissenschaften einen gemeinsamen Gegenstand postuliere, ist damit eine vereinheitlichende Philosophie der Naturwissenschaften vorausgesetzt.

Was verstehen wir unter Natur? Wir müssen über die Philosophie der Naturwissenschaft sprechen. Die Naturwissenschaft ist die Wissenschaft von der Natur. Aber - was ist Natur?

Die Natur ist das, was wir in der Wahrnehmung durch die Sinne wahrnehmen. In dieser Sinneswahrnehmung nehmen wir etwas wahr, das nicht gedacht wird und das für das Denken in sich abgeschlossen ist. Diese Eigenschaft, für das Denken in sich abgeschlossen zu sein, liegt der Naturwissenschaft zugrunde. Sie bedeutet, dass die Natur als ein geschlossenes System gedacht werden kann, dessen gegenseitige Beziehungen nicht den Ausdruck der Tatsache erfordern, dass sie gedacht werden.

Die Natur ist also in gewisser Weise unabhängig vom Denken. Mit dieser Aussage ist keine metaphysische Aussage gemeint. Was ich meine, ist, dass wir über die Natur denken können, ohne über das Denken zu denken. Ich werde sagen, dass wir dann "homogen" über die Natur denken.

Natürlich ist es möglich, über die Natur in Verbindung mit dem Denken über die Tatsache, dass über die Natur gedacht wird, zu denken. In einem solchen Fall würde ich sagen, dass wir "heterogen" über die Natur denken. In der Tat haben wir in den letzten Minuten heterogen über die Natur nachgedacht. Die Naturwissenschaft beschäftigt sich ausschließlich mit homogenen Gedanken über die Natur.

Aber die Sinneswahrnehmung enthält ein Element, das kein Gedanke ist. Es ist eine schwierige psychologische Frage, ob die Sinneswahrnehmung das Denken einschließt; und wenn sie das Denken einschließt, was ist die Art des Denkens, die sie notwendigerweise einschließt. Man beachte, dass oben gesagt wurde, dass die Sinneswahrnehmung ein Bewusstsein von etwas ist, das kein Gedanke ist. Die Natur ist nämlich kein Gedanke. Aber dies ist eine andere Frage, nämlich dass die Tatsache der Sinneswahrnehmung einen Faktor hat, der nicht gedacht ist. Ich nenne diesen Faktor "Sinneswahrnehmung". Die Lehre, dass sich die Naturwissenschaft ausschließlich mit homogenen Gedanken über die Natur befasst, zieht nicht unmittelbar die Schlussfolgerung nach sich, dass sich die Naturwissenschaft nicht mit der Sinneswahrnehmung befasst, .

Ich behaupte aber, dass sich die Naturwissenschaft zwar mit der Natur, die der Endpunkt der Sinneswahrnehmung ist, beschäftigt, nicht aber mit der Sinneswahrnehmung selbst.

Ich wiederhole die Hauptlinie dieser Argumentation und erweitere sie in bestimmte Richtungen.

Das Denken über die Natur ist etwas anderes als die Sinneswahrnehmung der Natur. Daher hat die Tatsache der Sinneswahrnehmung einen Bestandteil oder Faktor, der nicht gedacht wird. Ich nenne diesen Bestandteil Sinneswahrnehmung. Für meine Argumentation ist es gleichgültig, ob die Sinneswahrnehmung einen weiteren Bestandteil, nämlich den Gedanken, hat oder nicht. Wenn die Sinneswahrnehmung keinen Gedanken beinhaltet, dann sind Sinnesbewusstsein und Sinneswahrnehmung identisch. Aber das Wahrgenommene wird als eine Entität wahrgenommen, die der Endpunkt der Sinneswahrnehmung ist, etwas, das für das Denken jenseits der Tatsache dieser Sinneswahrnehmung liegt. Auch enthält das Wahrgenommene gewiss keine anderen Sinneswahrnehmungen, die von der Sinneswahrnehmung, die Bestandteil dieser Wahrnehmung ist, verschieden sind. Dementsprechend ist die Natur, wie sie sich in der Sinneswahrnehmung offenbart, nicht nur gegenüber dem Sinnesbewusstsein, sondern auch gegenüber dem Denken in sich selbst abgeschlossen. Ich werde diese Geschlossenheit der Natur auch dadurch ausdrücken, dass ich sage, dass die Natur dem Verstand verschlossen ist.

Diese Schließung der Natur bringt keine metaphysische Doktrin der Trennung von Natur und Geist mit sich. Sie bedeutet, dass sich die Natur in der Sinneswahrnehmung als ein Komplex von Entitäten offenbart, deren wechselseitige Beziehungen im Denken ausgedrückt werden können, ohne sich auf den Geist zu beziehen, das heißt, ohne sich auf das Sinnesbewusstsein oder das Denken zu beziehen. Außerdem möchte ich nicht so verstanden werden, dass Sinneswahrnehmung und Denken die einzigen Aktivitäten sind, die dem Geist zugeschrieben werden können. Auch bestreite ich nicht, dass es andere Beziehungen zwischen natürlichen Entitäten und dem Geist oder den Gemütern gibt als die, dass sie die Endpunkte der Sinneswahrnehmungen der Gemüter sind. Dementsprechend werde ich die Bedeutung der Begriffe "homogene Gedanken" und "heterogene Gedanken", die bereits eingeführt wurden, erweitern. Wir denken "homogen" über die Natur, wenn wir über sie nachdenken, ohne über das Denken oder die Sinneswahrnehmung nachzudenken, und wir denken "heterogen" über die Natur, wenn wir über sie in Verbindung mit dem Denken entweder über das Denken oder über die Sinneswahrnehmung oder über beide denken.

Ich gehe auch davon aus, dass die Homogenität des Denkens über die Natur jede Bezugnahme auf moralische oder ästhetische Werte ausschließt, deren Erfassung im Verhältnis zur selbstbewussten Aktivität lebendig ist. Die Werte der Natur sind vielleicht der Schlüssel zu einer metaphysischen Synthese der Existenz. Aber eine solche Synthese ist genau das, was ich nicht anstrebe. Ich befasse mich ausschließlich mit den weitestgehenden Verallgemeinerungen, die in Bezug auf das, was uns als unmittelbare Leistung des Sinnesbewusstseins bekannt ist, vorgenommen werden können.

Ich habe gesagt, dass sich die Natur in der Sinneswahrnehmung als ein Komplex von Entitäten offenbart. Es lohnt sich, darüber nachzudenken, was wir in diesem Zusammenhang unter einer Entität verstehen. Entität" ist einfach das lateinische Äquivalent für "Ding", es sei denn, es wird zu technischen Zwecken eine willkürliche Unterscheidung zwischen den Wörtern getroffen. Alles Denken muss sich auf Dinge beziehen. Wir können uns eine Vorstellung von dieser Notwendigkeit der Dinge für das Denken machen, indem wir die Struktur eines Satzes untersuchen.

Nehmen wir an, dass ein Satz von einem Erklärenden an einen Empfänger übermittelt wird. Ein solcher Satz besteht aus Phrasen, von denen einige demonstrativ und andere deskriptiv sein können.

Unter einer demonstrativen Phrase verstehe ich eine Phrase, die dem Rezipienten eine Entität in einer Weise vor Augen führt, die von der jeweiligen demonstrativen Phrase unabhängig ist. Sie werden verstehen, dass ich hier "Demonstration" im nicht-logischen Sinne verwende, nämlich in dem Sinne, in dem ein Dozent einer Grundschulklasse von Medizinstudenten mit Hilfe eines Frosches und eines Mikroskops den Blutkreislauf demonstriert. Ich werde eine solche Demonstration als "spekulative" Demonstration bezeichnen und mich dabei an Hamlets Verwendung des Wortes "Spekulation" erinnern, wenn er sagt,

In diesen Augen gibt es keine Spekulationen.

Eine demonstrative Phrase demonstriert also spekulativ eine Entität. Es kann vorkommen, dass der Erklärende eine andere Entität gemeint hat, d. h. der Satz zeigt ihm eine Entität, die von der Entität, die er dem Empfänger zeigt, verschieden ist. In diesem Fall liegt eine Verwechslung vor, denn es gibt zwei verschiedene Sätze, nämlich den Satz für den Ausführenden und den Satz für den Empfänger. Ich lasse diese Möglichkeit beiseite, da sie für unsere Diskussion irrelevant ist, obwohl es in der Praxis schwierig sein kann, dass zwei Personen über denselben Satz nachdenken oder dass sogar eine Person den Satz, den sie betrachtet, genau bestimmt hat.

Auch hier kann es sein, dass der Demonstrativsatz keine Entität zeigt. In diesem Fall gibt es für den Empfänger keinen Satz . Ich denke, dass wir (vielleicht vorschnell) annehmen können, dass der Ausleger weiß, was er meint.

Eine Demonstrativphrase ist eine Geste. Sie ist selbst kein Bestandteil des Satzes, aber die Einheit, die sie zeigt, ist ein solcher Bestandteil. Man mag über eine demonstrative Phrase streiten, weil sie in gewisser Weise unangenehm ist; wenn sie aber die richtige Entität zeigt, bleibt der Satz davon unberührt, auch wenn Ihr Geschmack beleidigt sein mag. Diese Suggestivität der Phraseologie ist Teil der literarischen Qualität des Satzes, der die Aussage vermittelt. Der Grund dafür ist, dass ein Satz direkt eine Aussage vermittelt, während er in seiner Phraseologie einen Halbschatten anderer Aussagen suggeriert, die mit emotionalem Wert aufgeladen sind. Wir sprechen jetzt von dem einen Satz, der in jeder Phraseologie direkt vermittelt wird.

Diese Lehre wird durch die Tatsache verdunkelt, dass in den meisten Fällen das, was der Form nach ein bloßer Teil der demonstrativen Geste ist, in Wirklichkeit ein Teil des Satzes ist, den man direkt vermitteln will. In einem solchen Fall nennen wir die Phraseologie des Satzes elliptisch. Im normalen Sprachgebrauch ist die Phraseologie fast aller Sätze elliptisch.

Nehmen wir einige Beispiele. Nehmen wir an, der Vortragende befindet sich in London, sagen wir im Regent's Park und im Bedford College, dem großen Frauen-College, das sich in diesem Park befindet. Er spricht in der Halle des Colleges und sagt,

Dieses College-Gebäude ist geräumig.

Die Formulierung "dieses College-Gebäude" ist eine Demonstrativformel. Nehmen wir nun an, der Empfänger antwortet,

Das ist kein College-Gebäude, das ist das Löwenhaus im Zoo.

Unter der Voraussetzung, dass der ursprüngliche Vorschlag des Auslegers nicht elliptisch formuliert wurde, bleibt der Ausleger bei seinem ursprünglichen Vorschlag, wenn er antwortet,

Auf jeden Fall ist *es* bequem.

Beachten Sie, dass die Antwort des Empfängers die spekulative Demonstration des Satzes "Dieses College-Gebäude" akzeptiert. Er sagt nicht: "Was meinen Sie?" Er akzeptiert den Satz als Beweis für eine Entität, erklärt aber dieselbe Entität als das Löwenhaus im Zoo. In seiner Antwort erkennt der Erklärende seinerseits den Erfolg seiner ursprünglichen Geste als spekulative Demonstration an und verzichtet auf die Frage nach der Angemessenheit ihrer Suggestivkraft mit einem "sowieso". Aber er ist nun in der Lage, die ursprüngliche Aussage mit Hilfe einer demonstrativen Geste zu wiederholen, die jeglicher - geeigneter oder ungeeigneter - Suggestivität beraubt ist, indem er sagt,

Es ist geräumig.

Das "*es*" in dieser letzten Aussage setzt voraus, dass das Denken die Entität als bloßes Ziel der Betrachtung erfasst hat.

Wir beschränken uns auf Entitäten, die sich in der Sinneswahrnehmung offenbaren. Die Entität offenbart sich so als ein Relatum im Komplex, der die Natur ist. Sie dämmert einem Beobachter aufgrund ihrer Beziehungen; aber sie ist ein Ziel für das Denken in ihrer eigenen bloßen Individualität. Anders kann das Denken nicht vorgehen, nämlich nicht ohne das ideale bloße "Es", das spekulativ demonstriert wird. Diese Setzung des Wesens als bloßes Objektiv schreibt ihm keine Existenz außerhalb des Komplexes

16

zu, in dem es durch die Sinneswahrnehmung gefunden wurde. Das "Es" des Denkens ist im Wesentlichen ein Relatum der Sinneswahrnehmung.

Es ist wahrscheinlich, dass der Dialog in Bezug auf das College-Gebäude eine andere Form annimmt. Was auch immer der Ausleger ursprünglich gemeint hat, er nimmt nun mit ziemlicher Sicherheit seine frühere Aussage als elliptisch formuliert an und geht davon aus, dass er damit gemeint war,

Dies ist ein College-Gebäude und sehr geräumig.

Hier ist die demonstrative Phrase oder die Geste, die das "es" demonstriert, das ein Gebrauchsgegenstand ist, nun auf "dies" reduziert worden; und die abgeschwächte Phrase ist unter den Umständen, unter denen sie geäußert wird, für den Zweck der korrekten Demonstration ausreichend. Dies macht deutlich, dass die verbale Form niemals die gesamte Phraseologie des Satzes ist; diese Phraseologie umfasst auch die allgemeinen Umstände seiner Produktion. So besteht das Ziel einer demonstrativen Phrase darin, ein bestimmtes "es" als bloßes Ziel des Denkens zu zeigen; der *Modus Operandi* einer demonstrativen Phrase besteht jedoch darin, ein Bewusstsein für die Entität als ein bestimmtes Relatum in einem Hilfskomplex zu erzeugen, der lediglich um der spekulativen Demonstration willen gewählt wurde und für den Satz irrelevant ist. Im obigen Dialog zum Beispiel setzen Hochschulen und Gebäude, die sich auf das "es" beziehen, das durch den Satz "dieses Hochschulgebäude" spekulativ demonstriert wird, dieses "es" in einen Hilfskomplex, der für die Aussage irrelevant ist

Es ist geräumig.

Natürlich ist in der Sprache jeder Satz immer sehr elliptisch. Dementsprechend ist der Satz

Dieses College-Gebäude ist geräumig.

bedeutet wahrscheinlich

Dieses College-Gebäude ist so geräumig wie ein College-Gebäude.

Aber es wird sich zeigen, dass wir in der obigen Diskussion "kommod" durch "kommod wie ein College-Gebäude" ersetzen können, ohne unsere Schlussfolgerung zu ändern; obwohl wir vermuten können, dass der Empfänger, der sich im Löwenhaus des Zoos wähnte, dem wohl weniger zustimmen würde.

Auf jeden Fall ist es so komfortabel wie ein College-Gebäude.

Ein offensichtlicherer Fall von elliptischer Phraseologie ergibt sich, wenn der Ausleger den Empfänger mit der Bemerkung anspricht,

Dieser Verbrecher ist dein Freund.

Der Empfänger könnte antworten,

Er ist mein Freund und Sie beleidigen ihn.

Hier geht der Empfänger davon aus, dass die Formulierung "dieser Verbrecher" elliptisch und nicht nur demonstrativ ist. In der Tat ist eine reine Demonstration unmöglich, obwohl sie das Ideal des Denkens ist. Diese praktische Unmöglichkeit der reinen Demonstration ist eine Schwierigkeit, die bei der Mitteilung von Gedanken und bei der Speicherung von Gedanken auftritt. Eine Aussage über einen bestimmten Faktor in der Natur kann nämlich ohne die Hilfe von Hilfskomplexen, die für sie irrelevant sind, weder anderen gegenüber ausgedrückt noch zur wiederholten Betrachtung aufbewahrt werden.

Ich gehe nun zu den beschreibenden Ausdrücken über. Der Ausleger sagt,

Ein College im Regent's Park ist bequem.

Der Empfänger kennt den Regent's Park gut. Die Formulierung "Ein College im Regent's Park" ist für ihn beschreibend. Wenn die Formulierung nicht elliptisch ist, was sie im normalen Leben sicherlich auf die eine oder andere Weise sein wird, bedeutet dieser Satz einfach,

Es gibt eine Einrichtung, die ein College-Gebäude im Regent's Park ist und sehr geräumig ist.

Wenn der Empfänger wieder eintritt,

Das Löwenhaus im Zoo ist das einzige geräumige Gebäude im Regent's Park.

widerspricht er nun dem Ausleger, da er davon ausgeht, dass ein Löwenhaus in einem Zoo kein Hochschulgebäude ist.

Während also im ersten Dialog der Rezipient lediglich mit dem Ausleger stritt, ohne ihm zu widersprechen, widerspricht er ihm in diesem Dialog. Eine beschreibende Formulierung ist also Teil des Satzes, den sie auszudrücken hilft, während eine demonstrative Formulierung nicht Teil des Satzes ist, den sie auszudrücken hilft.

Wiederum könnte der Ausleger im Green Park stehen - wo es keine College-Gebäude gibt - und sagen: "Das ist eine gute Idee,

Dieses College-Gebäude ist geräumig.

Wahrscheinlich wird kein Vorschlag beim Empfänger ankommen, weil die demonstrative Formulierung,

Dieses College-Gebäude".

aufgrund des Fehlens des Hintergrunds des Sinnesbewusstseins, das sie voraussetzt, nicht nachweisen konnte.

Aber wenn der Ausleger gesagt hätte,

Ein College-Gebäude im Green Park ist sehr praktisch.

hätte der Empfänger einen Vorschlag erhalten, aber einen falschen.

Sprache ist in der Regel mehrdeutig, und es wäre voreilig, allgemeine Aussagen über ihre Bedeutung zu machen. Aber Sätze, die mit "dies" oder "das" beginnen, sind in der Regel demonstrativ, während Sätze, die mit "der" oder "ein" beginnen, oft beschreibend sind. Bei der Untersuchung der Theorie des Satzes ist es wichtig, sich den großen Unterschied zwischen den analogen, bescheidenen Wörtern "dies" und "das" einerseits und "a" und "der" andererseits vor Augen zu halten. Der Satz

Das College-Gebäude im Regent's Park ist geräumig.

bedeutet nach der zuerst von Bertrand Russell vorgenommenen Analyse den Satz,

Es gibt ein Gebilde, das (i) ein College-Gebäude im Regent's Park ist und (ii) so geräumig und (iii) so ist, dass jedes College-Gebäude im Regent's Park mit ihm identisch ist.

Der beschreibende Charakter des Satzes "The college building in Regent's Park" ist somit offensichtlich. Auch der Satz wird durch die Verneinung eines seiner drei Bestandteile oder durch die Verneinung einer beliebigen Kombination der Bestandteile verneint. Hätten wir "Green Park" durch "Regent's Park" ersetzt, wäre ein falscher Satz entstanden. Auch die Errichtung eines zweiten Colleges im Regent's Park würde den Satz falsch machen, obwohl der gesunde Menschenverstand ihn höflich als bloß mehrdeutig behandeln würde.

Die Ilias" ist für einen Gelehrten der klassischen Philologie gewöhnlich eine demonstrative Formulierung, denn sie zeigt ihm ein bekanntes

Gedicht. Aber für die Mehrheit der Menschen ist der Ausdruck beschreibend, nämlich gleichbedeutend mit "Das Gedicht mit dem Namen "die Ilias"".

Namen können entweder demonstrative oder beschreibende Ausdrücke sein. Zum Beispiel ist "Homer" für uns eine beschreibende Phrase, d.h. das Wort bedeutet mit einem leichten Unterschied in der Suggestivität "Der Mann, der die Ilias schrieb".

Diese Diskussion veranschaulicht, dass das Denken vor sich selbst bloße Ziele, Entitäten, wie wir sie nennen, stellt, die das Denken kleidet, indem es ihre gegenseitigen Beziehungen ausdrückt. Die Sinneswahrnehmung enthüllt eine Tatsache mit Faktoren, die die Entitäten für das Denken sind. Die gesonderte Unterscheidung einer Entität im Denken ist keine metaphysische Behauptung, sondern eine für den endlichen Ausdruck einzelner Sätze notwendige Verfahrensweise. Ohne Entitäten könnte es keine endlichen Wahrheiten geben; sie sind das Mittel, mit dem die Unendlichkeit der Irrelevanz aus dem Denken herausgehalten wird.

Zusammengefasst: Die Termini für das Denken sind Entitäten, in erster Linie mit bloßer Individualität, in zweiter Linie mit Eigenschaften und Relationen, die ihnen im Verfahren des Denkens zugeschrieben werden; die Termini für die Sinneswahrnehmung sind Faktoren in der Naturtatsache, in erster Linie Relata und erst in zweiter Linie als verschiedene Individualitäten unterschieden.

Keine Eigenschaft der Natur, die unmittelbar für die Erkenntnis durch die Sinneswahrnehmung vorausgesetzt wird, kann erklärt werden. Sie ist für das Denken undurchdringlich in dem Sinne, dass ihr eigentümlicher Wesenszug, der durch die Sinneswahrnehmung in die Erfahrung tritt, für das Denken nur der Hüter ihrer Individualität als bloße Entität ist. So ist "rot" für den Gedanken nur eine bestimmte Entität, während "rot" für das Bewusstsein den Inhalt seiner Individualität hat. Der Übergang vom "Rot" des Bewusstseins zum "Rot" des Denkens geht mit einem deutlichen Verlust an Inhalt einher, nämlich mit dem Übergang vom Faktor "Rot" zur Entität "Rot". Dieser Verlust beim Übergang zum Denken wird dadurch kompensiert, dass das Denken kommunizierbar ist, während das Sinnesbewusstsein nicht kommunizierbar ist.

Es gibt also drei Komponenten in unserer Naturerkenntnis, nämlich Fakten, Faktoren und Entitäten. Tatsachen sind die undifferenzierten Endpunkte der Sinneswahrnehmung; Faktoren sind Endpunkte der

Sinneswahrnehmung, differenziert als Elemente der Tatsachen; Entitäten sind Faktoren in ihrer Funktion als Endpunkte des Denkens. Die Entitäten, von denen hier die Rede ist, sind natürliche Entitäten. Das Denken ist weiter als die Natur, so dass es Entitäten für das Denken gibt, die keine natürlichen Entitäten sind.

Wenn wir von der Natur als einem Komplex von zusammenhängenden Gebilden sprechen, so ist der "Komplex" eine gedankliche Einheit, deren bloßer Individualität die Eigenschaft zugeschrieben wird, in ihrer Komplexität die natürlichen Gebilde zu umfassen. Es ist unsere Aufgabe, diese Konzeption zu analysieren, und im Verlauf der Analyse sollten Raum und Zeit erscheinen. Offensichtlich sind die Beziehungen, die zwischen natürlichen Entitäten bestehen, selbst natürliche Entitäten, d.h. sie sind auch Tatsachenfaktoren, die für die Sinneswahrnehmung da sind. Dementsprechend kann die Struktur des Naturkomplexes im Denken nie vollendet werden, so wie die Faktoren der Tatsache im Sinnesbewusstsein nie erschöpft werden können. Die Unerschöpflichkeit ist ein wesentliches Merkmal unserer Naturerkenntnis. Auch die Natur erschöpft den Stoff für das Denken nicht, es gibt nämlich Gedanken, die in keinem homogenen Denken über die Natur vorkommen würden.

Die Frage, ob die Sinneswahrnehmung ein Denken beinhaltet, ist weitgehend verbal. Wenn die Sinneswahrnehmung eine Erkenntnis der Individualität beinhaltet, die von der tatsächlichen Position der Entität als faktischem Faktor abstrahiert, dann beinhaltet sie zweifelsohne das Denken. Wenn sie jedoch als Sinneswahrnehmung eines tatsächlichen Faktors konzipiert ist, der in der Lage ist, Emotionen und zielgerichtete Handlungen ohne weitere Erkenntnis hervorzurufen, dann beinhaltet sie kein Denken. In einem solchen Fall ist der Endpunkt der Sinneswahrnehmung etwas für den Verstand, aber nichts für das Denken. Man kann vermuten, dass die Sinneswahrnehmung einiger niederer Lebensformen sich diesem Charakter gewohnheitsmäßig annähert. Auch unsere eigene Sinneswahrnehmung ist gelegentlich in Momenten, in denen die Gedankentätigkeit zur Ruhe gekommen ist, nicht weit von dieser idealen Grenze entfernt.

Der Prozess der Unterscheidung in der Sinneswahrnehmung hat zwei verschiedene Seiten. Es gibt die Unterscheidung der Tatsache in Teile und die Unterscheidung jedes Teils der Tatsache, der Beziehungen zu Entitäten aufweist, die keine Teile der Tatsache sind, obwohl sie Bestandteile von ihr sind. Die unmittelbare Tatsache für das Bewusstsein ist nämlich das gesamte Naturgeschehen. Es ist die Natur als ein Ereignis, das für die Sinneswahrnehmung gegenwärtig und im Wesentlichen vergänglich ist. Es ist nicht möglich, die Natur still zu halten und sie zu betrachten. Wir können unsere Anstrengungen nicht verdoppeln, um unser Wissen über den Endpunkt unserer gegenwärtigen Sinneswahrnehmung zu verbessern; es ist unsere nachfolgende Gelegenheit in der nachfolgenden Sinneswahrnehmung, die den Nutzen unserer guten Entschlossenheit gewinnt. Die letzte Tatsache für die Sinneswahrnehmung ist also ein Ereignis. Dieses Gesamtereignis wird von uns in Teilereignisse unterschieden. Wir sind uns eines Ereignisses bewusst, das unser körperliches Leben ist, eines Ereignisses, das der Lauf der Natur in diesem Raum ist, und eines vage wahrgenommenen Aggregats von anderen Teilereignissen. Dies ist die Unterscheidung der Tatsache in Teile im Sinnesbewußtsein.

Ich verwende den Begriff "Teil" in dem willkürlich eingeschränkten Sinne eines Ereignisses, das Teil der gesamten Tatsache ist, die sich im Bewusstsein offenbart.

Die Sinneswahrnehmung liefert uns auch andere Faktoren in der Natur, die keine Ereignisse sind. So wird zum Beispiel das Himmelsblau als in einem bestimmten Ereignis situiert angesehen. Diese Situationsbeziehung erfordert eine weitere Diskussion, die auf einen späteren Vortrag verschoben wird. Was ich jetzt sagen will, ist, dass das Himmelblau in der Natur mit einer bestimmten Implikation in Ereignissen vorkommt, aber selbst kein Ereignis ist. Dementsprechend gibt es neben den Ereignissen auch andere Faktoren in der Natur, die sich uns direkt in der Sinneswahrnehmung erschließen. Die gedankliche Vorstellung aller Faktoren in der Natur als verschiedene Entitäten mit bestimmten natürlichen Beziehungen ist das, was ich an anderer Stelle [1] die "Diversifikation der Natur" genannt habe.

[1] *Vgl. Enquiry.*

Aus der vorangegangenen Diskussion lässt sich eine allgemeine Schlussfolgerung ziehen. Sie lautet, dass die erste Aufgabe einer Wissenschaftsphilosophie eine allgemeine Klassifizierung der Entitäten sein sollte, die uns in der Sinneswahrnehmung offenbart werden.

Zu den Beispielen für Entitäten neben "Ereignissen", die wir zur Veranschaulichung verwendet haben, gehören die Gebäude des Bedford College, Homer und himmelblau. Offensichtlich handelt es sich dabei um sehr unterschiedliche Arten von Dingen, und es ist wahrscheinlich, dass Aussagen, die über eine Art von Entität gemacht werden, für andere Arten nicht zutreffen. Wenn das menschliche Denken mit der geordneten Methode vorgehen würde, die die abstrakte Logik ihm nahelegt, könnten wir noch weiter gehen und sagen, dass eine Klassifizierung der natürlichen Entitäten der erste Schritt der Wissenschaft selbst sein sollte. Vielleicht sind Sie geneigt zu erwidern, dass diese Klassifizierung bereits erfolgt ist und dass sich die Wissenschaft mit den Abenteuern der materiellen Entitäten in Raum und Zeit beschäftigt.

Die Geschichte der Lehre von der Materie muss erst noch geschrieben werden. Es ist die Geschichte des Einflusses der griechischen Philosophie auf die Wissenschaft. Dieser Einfluss hat zu einem einzigen langen Missverständnis über den metaphysischen Status der natürlichen Entitäten geführt. Die Entität wurde von dem Faktor getrennt, der die Endstation des Sinnesbewusstseins ist. Sie wurde zum Substrat für diesen Faktor, und der Faktor wurde zu einem Attribut der Entität degradiert. Auf diese Weise wurde eine Unterscheidung in die Natur eingeführt, die in Wahrheit gar keine Unterscheidung ist. Eine natürliche Einheit ist lediglich ein Faktor der Tatsache, der für sich betrachtet wird. Ihre Abtrennung vom Tatsachenkomplex ist eine bloße Abstraktion. Sie ist nicht das Substrat des Faktors, sondern der Faktor selbst, wie er im Denken entblößt ist. Was also ein bloßer Vorgang des Verstandes bei der Übersetzung der Sinneswahrnehmung in diskursives Wissen ist, hat sich in einen grundlegenden Charakter der Natur verwandelt. Auf diese Weise hat sich die Materie als metaphysisches Substrat ihrer Eigenschaften erwiesen, und der Lauf der Natur wird als Geschichte der Materie interpretiert.

Platon und Aristoteles fanden, dass das griechische Denken mit der Suche nach den einfachen Substanzen beschäftigt war, in deren Begriffen sich der Lauf der Dinge ausdrücken lässt. Wir können diese Geisteshaltung in der Frage formulieren: Woraus besteht die Natur? Die Antworten, die ihr Genie auf diese Frage gab, und insbesondere die Konzepte, die den Begriffen zugrunde lagen, in denen sie ihre Antworten formulierten, haben die unbestrittenen Voraussetzungen in Bezug auf Zeit, Raum und Materie bestimmt, die in der Wissenschaft vorherrschen.

Bei Platon sind die Formen des Denkens flüssiger als bei Aristoteles und daher, wie ich zu glauben wage, umso wertvoller. Ihre Bedeutung besteht darin, dass sie Zeugnis ablegen von einem kultivierten Denken über die Natur, bevor es durch die lange Tradition der wissenschaftlichen

Philosophie in eine einheitliche Form gezwungen wurde. Im *Timaios* wird zum Beispiel, etwas vage ausgedrückt, eine Unterscheidung zwischen dem allgemeinen Werden der Natur und der messbaren Zeit der Natur vorausgesetzt. In einer späteren Vorlesung werde ich zwischen dem, was ich den Lauf der Natur nenne, und bestimmten Zeitsystemen, die bestimmte Merkmale dieses Laufs aufweisen, unterscheiden müssen. Ich werde nicht so weit gehen, Platon direkt für diese Lehre in Anspruch zu nehmen, aber ich denke, dass die Abschnitte des *Timaios*, die sich mit der Zeit befassen, klarer werden, wenn meine Unterscheidung anerkannt wird.

Dies ist jedoch eine Abschweifung. Ich befasse mich jetzt mit dem Ursprung der wissenschaftlichen Lehre von der Materie im griechischen Denken. Im *Timaios* behauptet Platon, dass die Natur aus Feuer und Erde besteht, wobei Luft und Wasser dazwischen liegen, so dass "das Feuer zur Luft und die Luft zum Wasser und die Luft zum Wasser und das Wasser zur Erde gehören". Er schlägt auch eine Molekularhypothese für diese vier Elemente vor. In dieser Hypothese hängt alles von der Form der Atome ab; für die Erde ist sie kubisch und für das Feuer pyramidenförmig. Heute diskutieren die Physiker wieder über die Struktur des Atoms, und seine Form ist kein unwesentlicher Faktor in dieser Struktur. Platons Vermutungen lesen sich viel phantastischer als die systematische Analyse des Aristoteles, aber in mancher Hinsicht sind sie wertvoller. Die Grundzüge seiner Ideen sind mit denen der modernen Wissenschaft vergleichbar. Sie enthält Begriffe, die jede Theorie der Naturphilosophie beibehalten und in gewisser Weise erklären muss. Aristoteles stellte die grundlegende Frage: Was verstehen wir unter "Substanz"? Hier wirkte die Reaktion zwischen seiner Philosophie und seiner Logik sehr unglücklich. In seiner Logik ist der grundlegende Typus des bejahenden Satzes die Zuweisung eines Prädikats zu einem Subjekt. Dementsprechend hebt er unter den vielen gängigen Verwendungen des Begriffs "Substanz", die er analysiert, dessen Bedeutung als "das letzte Substrat, das von nichts anderem mehr prädiziert wird" hervor.

Die unhinterfragte Akzeptanz der aristotelischen Logik hat zu einer tief verwurzelten Tendenz geführt, für alles, was sich in der Sinneswahrnehmung offenbart, ein Substrat zu postulieren, d. h. unterhalb dessen, was wir wahrnehmen, nach der Substanz im Sinne des "konkreten Dings" zu suchen. Dies ist der Ursprung des modernen wissenschaftlichen Konzepts der Materie und des Äthers, sie sind nämlich das Ergebnis dieser hartnäckigen Gewohnheit des Postulierens.

Dementsprechend ist der Äther von der modernen Wissenschaft als das Substrat der Ereignisse erfunden worden, die sich über Raum und Zeit jenseits der Reichweite der gewöhnlichen abwägbaren Materie ausbreiten. Ich persönlich denke, dass die Prädikation ein verworrener Begriff ist, der viele verschiedene Beziehungen unter einer bequemen gemeinsamen Sprachform verwirrt. Ich vertrete zum Beispiel die Auffassung, dass die Beziehung von Grün zu einem Grashalm etwas völlig anderes ist als die Beziehung von Grün zu dem Ereignis, das die Lebensgeschichte dieses Halms für einen kurzen Zeitraum darstellt, und dass sie sich von der Beziehung des Halms zu diesem Ereignis unterscheidet. In gewissem Sinne nenne ich das Ereignis die Situation des Grüns, und in einem anderen Sinne ist es die Situation des Halms. So ist die Klinge in einem Sinn ein Charakter oder eine Eigenschaft, die der Situation zugeschrieben werden kann, und in einem anderen Sinn ist das Grün ein Charakter oder eine Eigenschaft desselben Ereignisses, das auch seine Situation ist. Auf diese Weise verschleiert die Prädikation von Eigenschaften radikal unterschiedliche Beziehungen zwischen Entitäten.

Der Begriff "Substanz", der mit dem Begriff "Prädikation" korreliert, hat also Anteil an der Zweideutigkeit. Wenn wir irgendwo nach Substanz suchen, dann in den Ereignissen, die in gewisser Weise die letzte Substanz der Natur sind.

Die Materie in ihrem modernen wissenschaftlichen Sinn ist eine Rückkehr zu den ionischen Bemühungen, in Raum und Zeit einen Stoff zu finden, aus dem die Natur besteht. Aufgrund einer gewissen vagen Assoziation mit der aristotelischen Idee der Substanz hat sie eine feinere Bedeutung als die frühen Vermutungen über Erde und Wasser.

Erde, Wasser, Luft, Feuer und Materie und schließlich der Äther stehen in direkter Abfolge zueinander, was ihren postulierten Charakter als ultimative Substrate der Natur betrifft. Sie zeugen von der ungebrochenen Vitalität der griechischen Philosophie in ihrer Suche nach den letzten Entitäten, die die Faktoren der in der Sinneswahrnehmung offenbarten Tatsache sind. Diese Suche ist der Ursprung der Wissenschaft.

Die Abfolge der Ideen, die von den groben Vermutungen der frühen ionischen Denker bis zum Äther des 19. Jahrhunderts reicht, erinnert uns daran, dass die wissenschaftliche Lehre von der Materie in Wirklichkeit eine Mischform ist, die die Philosophie auf ihrem Weg zum verfeinerten aristotelischen Substanzbegriff durchlief und zu der die Wissenschaft zurückkehrte, als sie auf philosophische Abstraktionen reagierte. Erde,

Feuer und Wasser in der ionischen Philosophie und die geformten Elemente im *Timaios* sind vergleichbar mit der Materie und dem Äther der modernen wissenschaftlichen Doktrin. Die Substanz stellt jedoch den letzten philosophischen Begriff des Substrats dar, das jedem Attribut zugrunde liegt. Die Materie (im wissenschaftlichen Sinne) ist bereits in Raum und Zeit. Die Materie steht also für die Weigerung, räumliche und zeitliche Eigenschaften wegzudenken und zu dem bloßen Begriff einer individuellen Entität zu gelangen. Es ist diese Weigerung, die das Durcheinander verursacht hat, das bloße Verfahren des Denkens in die Tatsache der Natur zu importieren. Die von allen Merkmalen außer denen des Raums und der Zeit befreite Entität hat einen physischen Status als ultimative Textur der Natur erlangt, so dass der Lauf der Natur als bloßes Schicksal der Materie in ihrem Abenteuer durch den Raum aufgefasst wird.

Der Ursprung der Lehre von der Materie ist also das Ergebnis der unkritischen Akzeptanz von Raum und Zeit als äußere Bedingungen für die natürliche Existenz. Damit will ich nicht sagen, dass die Tatsachen von Raum und Zeit als Bestandteile der Natur in Zweifel gezogen werden sollten. Was ich meine, ist "die unbewusste Annahme von Raum und Zeit als das, was die Natur ausmacht". Dies ist genau die Art von Vorannahme, die das Denken in jeder Reaktion gegen die Subtilität der philosophischen Kritik färbt. Meine Theorie über die Entstehung der wissenschaftlichen Lehre von der Materie ist, dass die Philosophie zuerst unrechtmäßig die bloße Entität, die einfach eine für die Denkmethode notwendige Abstraktion ist, in das metaphysische Substrat dieser Faktoren in der Natur verwandelt hat, die den Entitäten auf verschiedene Weise als ihre Attribute zugeordnet werden; und dass in einem zweiten Schritt die Wissenschaftler (einschließlich der Philosophen, die Wissenschaftler waren) in bewusster oder unbewusster Ignorierung der Philosophie dieses Substrat, *qua* Substrat für Attribute, als dennoch in Zeit und Raum vorausgesetzt haben.

Dies ist sicherlich ein Wirrwarr. Das ganze Wesen der Substanz ist ein Substrat für Eigenschaften. Zeit und Raum müssten also Attribute der Substanz sein. Das sind sie offensichtlich nicht, wenn die Materie die Substanz der Natur ist, da es unmöglich ist, raum-zeitliche Wahrheiten auszudrücken, ohne auf Relationen zurückzugreifen, die andere Relata als die der Materie einbeziehen. Ich verzichte jedoch auf diesen Punkt und komme zu einem anderen. Es ist nicht die Substanz, die sich im Raum befindet, sondern die Attribute. Was wir im Raum finden, sind das Rot der Rose und der Duft des Jasmins und der Lärm der Kanonen. Wir alle haben unseren Zahnärzten gesagt, wo unsere Zahnschmerzen sind. Der Raum ist also nicht eine Beziehung zwischen Substanzen, sondern zwischen Eigenschaften.

Selbst wenn man den Anhängern der Substanz zugesteht, dass sie sich die Substanz als Materie vorstellen können, ist es ein Betrug, die Substanz in den Raum zu schieben mit der Begründung, dass der Raum die Beziehungen zwischen den Substanzen ausdrückt. Auf den ersten Blick hat der Raum nichts mit den Substanzen zu tun, sondern nur mit deren Eigenschaften. Ich will damit sagen, dass, wenn man - wie ich glaube, zu Unrecht - unsere Naturerfahrung als ein Bewusstsein der Eigenschaften von Substanzen auffasst, wir durch diese Theorie daran gehindert werden, analoge direkte Beziehungen zwischen Substanzen zu finden, die sich in unserer Erfahrung offenbaren. Was wir jedoch finden, sind Beziehungen zwischen den Eigenschaften der Substanzen. Wenn also die Materie als Substanz im Raum betrachtet wird, hat der Raum, in dem sie sich befindet, sehr wenig mit dem Raum unserer Erfahrung zu tun.

Das obige Argument wurde in Begriffen der relationalen Theorie des Raums ausgedrückt. Aber wenn der Raum absolut ist, d.h. wenn er ein von den Dingen in ihm unabhängiges Wesen hat, ändert sich der Verlauf des Arguments kaum. Denn die Dinge im Raum müssen eine bestimmte grundlegende Beziehung zum Raum haben, die wir als Besetzung bezeichnen werden. Der Einwand, dass es die Attribute sind, die als auf den Raum bezogen beobachtet werden, bleibt also bestehen.

Die wissenschaftliche Lehre von der Materie wird in Verbindung mit einer absoluten Theorie der Zeit vertreten. Für die Beziehungen zwischen Materie und Zeit gelten die gleichen Argumente wie für die Beziehungen zwischen Raum und Materie. Es gibt jedoch (in der gegenwärtigen Philosophie) einen Unterschied zwischen den Beziehungen zwischen Raum und Materie und denen zwischen Zeit und Materie, den ich im Folgenden erläutern werde.

Der Raum ist nicht nur eine Anordnung von materiellen Einheiten, so dass eine Einheit bestimmte Beziehungen zu anderen materiellen Einheiten hat. Die Besetzung des Raums verleiht jeder materiellen Einheit für sich einen bestimmten Charakter. Aufgrund der Besetzung des Raums hat die Materie eine Ausdehnung. Aufgrund ihrer Ausdehnung ist jedes Stückchen Materie in Teile teilbar, und jeder Teil ist eine numerisch von jedem anderen Teil verschiedene Einheit. Dementsprechend scheint es, dass jede materielle Einheit nicht wirklich eine Einheit ist. Sie ist eine wesentliche Vielzahl von Entitäten. Diese Zersplitterung der Materie in Vielheiten scheint nicht aufzuhalten zu sein, wenn man nicht jede letzte Einheit in einem einzelnen Punkt findet. Diese essentielle Vielheit materieller Entitäten ist sicherlich nicht das, was mit Wissenschaft gemeint ist, noch entspricht sie irgendetwas, das sich in der Sinneswahrnehmung offenbart. Es ist absolut notwendig, dass in einem bestimmten Stadium dieser Dissoziation der Materie ein Halt eingelegt wird, und dass die so erhaltenen materiellen Entitäten als Einheiten behandelt werden sollten. Das Stadium des Anhaltens kann willkürlich sein oder durch die Eigenschaften der Natur festgelegt werden; aber alle Überlegungen in der Wissenschaft lassen letztlich ihre Raumanalyse fallen und stellen sich selbst das Problem: "Hier ist eine materielle Einheit, was geschieht mit ihr als Einheitseinheit? Dennoch behält diese materielle Einheit ihre Ausdehnung und ist in dieser Ausdehnung eine bloße Mannigfaltigkeit. Es gibt also eine wesentliche atomare Eigenschaft in der Natur, die unabhängig von der Dissoziation der Ausdehnung ist. Es gibt etwas, das in sich selbst eins ist, und das mehr ist als die logische Gesamtheit der Entitäten, die Punkte innerhalb des Volumens einnehmen, das die Einheit einnimmt. Wir können durchaus skeptisch sein, was diese ultimativen Entitäten an Punkten angeht, und bezweifeln, dass es solche Entitäten überhaupt gibt. Sie haben den verdächtigen Charakter, dass wir durch abstrakte Logik und nicht durch beobachtete Tatsachen dazu gebracht werden, sie zu akzeptieren.

Die Zeit (in der gegenwärtigen Philosophie) übt nicht die gleiche zersetzende Wirkung auf die Materie aus, die sie einnimmt. Wenn die Materie eine Zeitdauer einnimmt, nimmt die gesamte Materie jeden Teil dieser Zeitdauer ein. Die Verbindung zwischen Materie und Zeit unterscheidet sich also von der Verbindung zwischen Materie und Raum, wie sie in der heutigen wissenschaftlichen Philosophie zum Ausdruck kommt. Es ist offensichtlich schwieriger, sich die Zeit als das Ergebnis von Beziehungen zwischen verschiedenen Teilen der Materie vorzustellen, als dies bei der analogen Vorstellung von Raum der Fall ist. In einem Augenblick werden verschiedene Raumvolumina von verschiedenen Teilen der Materie eingenommen. Dementsprechend gibt es bisher keine intrinsische Schwierigkeit bei der Vorstellung, dass der Raum lediglich das Ergebnis von Beziehungen zwischen den Materieteilchen ist. Aber in der eindimensionalen Zeit nimmt dasselbe Stückchen Materie verschiedene Teile der Zeit ein. Dementsprechend müsste die Zeit in Form der Beziehungen eines Stücks Materie zu sich selbst ausgedrückt werden können . Meine eigene Ansicht ist ein Glaube an die relationale Theorie sowohl des Raums als auch der Zeit und ein Unglaube an die gegenwärtige Form der relationalen Theorie des Raums, die Materiebits als Relata für räumliche Beziehungen ausstellt. Die wahren Relata sind Ereignisse. Die Unterscheidung, die ich soeben zwischen Zeit und Raum in ihrer Verbindung mit der Materie dargelegt habe, macht deutlich, dass jede Gleichsetzung von Zeit und Raum nicht auf der traditionellen Linie erfolgen kann, die die Materie als grundlegendes Element der Raumbildung betrachtet.

Die Naturphilosophie nahm während ihrer Entwicklung durch das griechische Denken eine falsche Wendung. Diese falsche Voraussetzung ist in Platons *Timaios* vage und fließend. Das allgemeine Grundgerüst des Gedankens ist noch unbestimmt und kann als bloßes Fehlen einer gebührenden Erläuterung und eines schützenden Nachdrucks gedeutet werden. In der Darstellung des Aristoteles jedoch wurden die bestehenden Vorstellungen verhärtet und konkretisiert, so dass eine fehlerhafte Analyse des Verhältnisses zwischen der Materie und der Form der Natur, wie sie sich im Sinnesbewusstsein offenbart, entstand. In dieser Formulierung wird der Begriff "Materie" nicht in seinem wissenschaftlichen Sinn verwendet.

Abschließend möchte ich mich vor einem Missverständnis hüten. Es ist offensichtlich, dass die gegenwärtige Lehre von der Materie ein grundlegendes Naturgesetz enthält. Ein einfaches Beispiel wird veranschaulichen, was ich meine. Ein Beispiel: In einem Museum wird ein Exemplar sicher in einem Glaskasten eingeschlossen. Dort verbleibt es jahrelang: Es verliert seine Farbe und zerfällt vielleicht in Stücke. Aber es ist dasselbe Exemplar; und dieselben chemischen Elemente und dieselben Mengen dieser Elemente sind am Ende in der Vitrine vorhanden, wie sie am Anfang vorhanden waren. Auch der Ingenieur und der Astronom befassen sich mit den Bewegungen von realen manenzen in der Natur. Jede Naturtheorie, die auch nur einen Moment lang diese großen Grundtatsachen der Erfahrung aus den Augen verliert, ist einfach dumm. Es ist jedoch zulässig, darauf hinzuweisen, dass sich die wissenschaftliche Darstellung dieser Tatsachen in einem Labyrinth zweifelhafter Metaphysik verstrickt hat; und dass, wenn wir die Metaphysik entfernen und mit einer unvoreingenommenen Untersuchung der Natur neu beginnen, ein neues Licht auf viele grundlegende Konzepte geworfen wird, die die Wissenschaft beherrschen und den Fortschritt der Forschung leiten.

KAPITEL II
THEORIEN ÜBER DIE VERZWEIGUNG DER NATUR

In meinem letzten Vortrag habe ich das Konzept der Materie als die Substanz, deren Eigenschaften wir wahrnehmen, kritisiert. Diese Denkweise der Materie ist meines Erachtens der historische Grund für ihre Einführung in die Wissenschaft, und sie ist immer noch die vage Sichtweise im Hintergrund unseres Denkens, die die gegenwärtige wissenschaftliche Doktrin so offensichtlich erscheinen lässt. Wir stellen uns nämlich vor, dass wir die Eigenschaften der Dinge wahrnehmen, und die Materieteile sind die Dinge, deren Eigenschaften wir wahrnehmen.

Im siebzehnten Jahrhundert erhielt die süße Einfachheit dieses Aspekts der Materie einen herben Schock. Die Übertragungslehren der Wissenschaft befanden sich damals im Prozess der Ausarbeitung und waren am Ende des Jahrhunderts unbestritten, auch wenn ihre besonderen Formen seither verändert wurden. Die Etablierung dieser Übertragungstheorien markiert einen Wendepunkt in der Beziehung zwischen Wissenschaft und Philosophie. Die Lehren, auf die ich hier besonders anspiele, sind die Theorien über Licht und Schall. Ich zweifle nicht daran, dass diese Theorien schon vorher als offensichtliche Vorschläge des gesunden Menschenverstandes vage im Umlauf waren; denn nichts im Denken ist jemals völlig neu. Aber in jener Epoche wurden sie systematisiert und präzisiert, und ihre vollständigen Konsequenzen wurden rücksichtslos abgeleitet. Es ist die Etablierung dieses Verfahrens des Ernstnehmens der Konsequenzen, die die wirkliche Entdeckung einer Theorie kennzeichnet. Die systematischen Lehren von Licht und Schall als etwas, das von den emittierenden Körpern ausgeht, wurden definitiv aufgestellt, und insbesondere der Zusammenhang von Licht und Farbe wurde von Newton aufgedeckt.

Das Ergebnis zerstörte die Einfachheit der "Substanz- und Attributtheorie" der Wahrnehmung vollständig. Was wir sehen, hängt von dem Licht ab, das in das Auge eintritt. Außerdem nehmen wir nicht einmal das wahr, was in das Auge eintritt. Das, was übertragen wird, sind Wellen oder - wie Newton dachte - kleine Teilchen, und das, was gesehen wird, sind Farben. Locke begegnete dieser Schwierigkeit mit einer Theorie der primären und sekundären Qualitäten. Es gibt nämlich einige Eigenschaften der Materie, die wir wahrnehmen. Dies sind die primären Qualitäten, und es gibt andere Dinge, die wir wahrnehmen, wie zum Beispiel Farben, die keine Eigenschaften der Materie sind, aber von uns so wahrgenommen werden, als wären sie solche Eigenschaften. Dies sind die sekundären Eigenschaften der Materie.

Warum sollten wir sekundäre Qualitäten wahrnehmen? Es scheint eine äußerst unglückliche Konstellation zu sein, dass wir viele Dinge wahrnehmen, die nicht da sind. Doch genau darauf läuft die Theorie der sekundären Qualitäten hinaus. In der Philosophie und in der Wissenschaft herrscht heute eine apathische Akzeptanz der Schlussfolgerung, dass es keine kohärente Darstellung der Natur geben kann, wie sie sich uns in der Sinneswahrnehmung offenbart, ohne ihre Beziehungen zum Geist mit einzubeziehen. Die moderne Darstellung der Natur ist nicht nur, wie es sein sollte, eine Darstellung dessen, was der Verstand von der Natur weiß, sondern sie wird auch mit einer Darstellung dessen verwechselt, was die Natur mit dem Verstand macht. Das Ergebnis war sowohl für die Wissenschaft als auch für die Philosophie katastrophal, vor allem aber für die Philosophie. Es hat die große Frage nach den Beziehungen zwischen Natur und Geist in die kleinliche Form der Interaktion zwischen dem menschlichen Körper und dem Geist verwandelt.

Berkeleys Polemik gegen die Materie basierte auf dieser Verwirrung, die durch die Übertragungstheorie des Lichts entstand. Er plädierte, meiner Meinung nach zu Recht, für die Abschaffung der Lehre von der Materie in ihrer jetzigen Form. Er hatte jedoch nichts an ihre Stelle zu setzen, außer einer Theorie über die Beziehung des endlichen Geistes zum göttlichen Geist.

Aber wir bemühen uns in diesen Vorträgen, uns auf die Natur selbst zu beschränken und nicht über die Entitäten hinauszugehen, die in der Sinneswahrnehmung offenbart werden.

Das Wahrnehmen an sich wird als selbstverständlich vorausgesetzt. Wir betrachten zwar die Bedingungen der Wahrnehmung, aber nur insofern, als diese Bedingungen zu den Offenbarungen der Wahrnehmung gehören. Die Synthese von Wissendem und Gewusstem überlassen wir der Metaphysik. Eine weitere Erläuterung und Verteidigung dieser Position ist notwendig, wenn die Argumentation dieser Vorlesung verständlich sein soll.

Die unmittelbare These, die zur Diskussion steht, ist, dass jede metaphysische Interpretation ein illegitimer Import in die Philosophie der

Naturwissenschaften ist. Unter einer metaphysischen Interpretation verstehe ich jede Diskussion über das Wie (jenseits der Natur) und das Warum (jenseits der Natur) des Denkens und der Sinneswahrnehmung. In der Wissenschaftsphilosophie suchen wir nach den allgemeinen Begriffen, die für die Natur gelten, nämlich für das, was wir in der Wahrnehmung wahrnehmen. Sie ist die Philosophie des Wahrgenommenen und darf nicht mit der Metaphysik der Wirklichkeit verwechselt werden, deren Bereich sowohl den Wahrnehmenden als auch das Wahrgenommene umfasst. Kein Rätsel, das den Gegenstand der Erkenntnis betrifft, kann gelöst werden, indem man sagt, dass es einen Geist gibt, der ihn kennt [2].

[2] Vgl. *Enquiry*, Vorwort.

Mit anderen Worten: Das Sinnesbewusstsein ist ein Bewusstsein von etwas. Was ist dann der allgemeine Charakter dieses Etwas, dessen wir uns bewusst sind? Wir fragen nicht nach dem Wahrnehmenden oder nach dem Prozess, sondern nach dem Wahrgenommenen. Ich betone diesen Punkt, weil Diskussionen über die Wissenschaftsphilosophie in der Regel extrem metaphysisch sind - meiner Meinung nach zum großen Nachteil des Fachs.

Der Rückgriff auf die Metaphysik ist so, als würde man ein Streichholz in das Pulvermagazin werfen. Damit wird die ganze Arena in die Luft gesprengt. Das ist genau das, was wissenschaftliche Philosophen tun, wenn sie in eine Ecke gedrängt und der Inkohärenz überführt werden. Sie ziehen sofort den Verstand heran und sprechen von Entitäten im Verstand oder außerhalb des Verstandes, je nachdem, was der Fall ist. Für die Naturphilosophie ist alles Wahrgenommene in der Natur. Wir können uns nicht alles aussuchen. Für uns gehört das rote Leuchten des Sonnenuntergangs ebenso zur Natur wie die Moleküle und die elektrischen Wellen, mit denen die Naturwissenschaftler das Phänomen erklären würden. Es ist Aufgabe der Naturphilosophie, zu analysieren, wie diese verschiedenen Elemente der Natur zusammenhängen.

Mit dieser Forderung mache ich mir unsere unmittelbare, instinktive Haltung gegenüber Wahrnehmungswissen zu eigen, die erst unter dem Einfluss der Theorie aufgegeben wird. Wir sind instinktiv bereit, zu glauben, dass man mit der nötigen Aufmerksamkeit mehr in der Natur finden kann als das, was man auf den ersten Blick sieht. Aber wir werden uns nicht mit weniger zufrieden geben. Was wir von der Wissenschaftsphilosophie verlangen, ist eine Erklärung für die Kohärenz der wahrgenommenen Dinge.

Dies bedeutet eine Ablehnung jeglicher Theorie über psychische Zusätze zu dem in der Wahrnehmung bekannten Objekt. Was zum Beispiel in der Wahrnehmung gegeben ist, ist das grüne Gras. Dies ist ein Objekt, das wir als Bestandteil der Natur kennen. Die Theorie der psychischen Zusätze würde das Grün als einen psychischen Zusatz behandeln, der vom wahrnehmenden Geist geliefert wird, und würde der Natur lediglich die Moleküle und die Strahlungsenergie überlassen, die den Geist zu dieser Wahrnehmung beeinflussen. Mein Argument ist, dass dieses Heranziehen des Verstandes, der eigene Ergänzungen zu dem Ding macht, das von der Sinneswahrnehmung für die Erkenntnis postuliert wird, nur eine Art ist, sich vor dem Problem der Naturphilosophie zu drücken. Dieses Problem besteht darin, die Beziehungen *zwischen den* bekannten Dingen zu erörtern, abstrahiert von der bloßen Tatsache, dass sie bekannt sind. Die Naturphilosophie sollte niemals fragen, was im Geist und was in der Natur ist. Dies wäre ein Eingeständnis, dass sie es versäumt hat, die Beziehungen zwischen den wahrnehmbar bekannten Dingen auszudrücken, d.h. jene natürlichen Beziehungen auszudrücken, deren Ausdruck die Naturphilosophie ist. Es mag sein, dass die Aufgabe zu schwer für uns ist, dass die Beziehungen zu komplex und zu vielfältig sind, um von uns erfasst zu werden, oder dass sie zu trivial sind, um die Mühe der Darstellung wert zu sein. Es ist in der Tat wahr, dass wir bei der angemessenen Formulierung solcher Beziehungen nur einen sehr kleinen Schritt vorangekommen sind. Aber lassen Sie uns wenigstens nicht versuchen, unser Scheitern unter einer Theorie über das Spiel des wahrnehmenden Geistes zu verbergen.

Was ich im Wesentlichen ablehne, ist die Zweiteilung der Natur in zwei Wirklichkeitssysteme, die, sofern sie real sind, in unterschiedlichem Sinne real sind. Die eine Realität wären die Entitäten wie die Elektronen, die Gegenstand der spekulativen Physik sind. Dies wäre die Realität, die für das Wissen da ist, obwohl sie nach dieser Theorie niemals bekannt ist. Denn das, was bekannt ist, ist die andere Art von Realität, die das Spiel des Geistes ist. Es gäbe also zwei Naturen: die eine ist die Vermutung und die andere der Traum.

Eine andere Art, diese Theorie, gegen die ich argumentiere, zu formulieren, besteht darin, die Natur in zwei Bereiche zu unterteilen, nämlich in die Natur, die im Bewusstsein wahrgenommen wird, und die Natur, die die Ursache des Bewusstseins ist. Die Natur, die die im Bewusstsein wahrgenommene Tatsache ist, enthält in sich das Grün der Bäume, den Gesang der Vögel, die Wärme der Sonne, die Härte der Stühle und das Gefühl des Samtes. Die Natur, die die Ursache des Gewahrseins ist, ist das vermutete System von Molekülen und Elektronen, das den Geist so beeinflusst, dass er das Gewahrsein der scheinbaren Natur hervorbringt. Der Treffpunkt dieser beiden Naturen ist der Geist, wobei die kausale Natur einfließt und die scheinbare Natur ausfließt.

Es gibt vier Fragen, die sich im Zusammenhang mit dieser Bifurkationstheorie der Natur sofort zur Diskussion anbieten. Sie betreffen (i) die Kausalität, (ii) die Zeit, (iii) den Raum und (iv) die Täuschungen. Diese Fragen sind nicht wirklich trennbar. Sie stellen lediglich vier verschiedene Ausgangspunkte dar, von denen aus die Diskussion über die Theorie geführt werden kann.

Die kausale Natur ist der Einfluss auf den Geist, der die Ursache für das Ausströmen der scheinbaren Natur aus dem Geist ist. Diese Auffassung der kausalen Natur ist nicht zu verwechseln mit der eindeutigen Auffassung, dass ein Teil der Natur die Ursache eines anderen Teils ist. Zum Beispiel ist das Brennen des Feuers und der Durchgang von Wärme durch den dazwischenliegenden Raum die Ursache dafür, dass der Körper, seine Nerven und sein Gehirn auf bestimmte Weise funktionieren. Aber dies ist keine Einwirkung der Natur auf den Geist. Es ist eine Wechselwirkung innerhalb der Natur. Die Kausalität, die mit dieser Wechselwirkung verbunden ist, ist eine Kausalität in einem anderen Sinne als der Einfluss dieses Systems körperlicher Wechselwirkungen innerhalb der Natur auf den fremden Geist, der daraufhin Rötung und Wärme wahrnimmt.

Die Bifurkationstheorie ist ein Versuch, die Naturwissenschaft als eine Untersuchung der Ursache für die Tatsache der Erkenntnis darzustellen. Es ist nämlich ein Versuch, die scheinbare Natur als einen Ausfluss des Geistes aufgrund der kausalen Natur darzustellen. Die ganze Vorstellung beruht zum Teil auf der impliziten Annahme, dass der Verstand nur das wissen kann, was er selbst hervorgebracht hat und in gewissem Sinne in sich selbst bewahrt, obwohl er einen äußeren Grund sowohl als Ursprung als auch als Bestimmung des Charakters seiner Tätigkeit benötigt. Aber wenn wir über Wissen nachdenken, sollten wir all diese räumlichen Metaphern wie "innerhalb des Verstandes" und "außerhalb des Verstandes" auslöschen. Wissen ist ultimativ. Es kann keine Erklärung für das "Warum" des Wissens geben; wir können nur das "Was" des Wissens beschreiben. Das heißt, wir können den Inhalt und seine internen Beziehungen analysieren, aber wir können nicht erklären, warum es Wissen gibt. Die kausale Natur ist also eine metaphysische Schimäre; es bedarf jedoch einer Metaphysik, deren Geltungsbereich über die Beschränkung auf die Natur hinausgeht. Das Ziel einer solchen metaphysischen Wissenschaft ist es nicht, das Wissen zu erklären, sondern unseren Begriff der Wirklichkeit in seiner größtmöglichen Vollständigkeit darzustellen.

Wir müssen jedoch zugeben, dass die Kausaltheorie der Natur ihre Stärken hat. Der Grund, warum sich die Zweiteilung der Natur immer wieder in die wissenschaftliche Philosophie einschleicht, ist die extreme Schwierigkeit, die wahrgenommene Röte und Wärme des Feuers in einem System von Beziehungen mit den bewegten Molekülen von Kohlenstoff und Sauerstoff, mit der von ihnen ausgehenden Strahlungsenergie und mit den verschiedenen Funktionsweisen des materiellen Körpers darzustellen. Wenn wir nicht die allumfassenden Beziehungen herstellen, haben wir es mit einer zweigeteilten Natur zu tun, nämlich Wärme und Röte auf der einen Seite und Moleküle, Elektronen und Äther auf der anderen Seite. Dann werden die beiden Faktoren als die Ursache bzw. die Reaktion des Geistes auf die Ursache erklärt.

Zeit und Raum scheinen diese allumfassenden Beziehungen zu liefern, die die Verfechter der Philosophie der Einheit der Natur fordern. Die wahrgenommene Rötung des Feuers und die Wärme sind in Zeit und Raum eindeutig mit den Molekülen des Feuers und den Molekülen des Körpers verbunden.

Es ist kaum mehr als eine verzeihliche Übertreibung zu sagen, dass sich die Bestimmung des Sinns der Natur im Wesentlichen auf die Diskussion über den Charakter der Zeit und den Charakter des Raums reduziert. In den folgenden Vorträgen werde ich meine eigene Auffassung von Zeit und Raum erläutern. Ich werde mich bemühen zu zeigen, dass sie Abstraktionen von konkreteren Elementen der Natur sind, nämlich von Ereignissen. Die Erörterung der Einzelheiten des Abstraktionsprozesses wird zeigen, dass Zeit und Raum miteinander verbunden sind, und wird uns schließlich zu der Art von Verbindungen zwischen ihren Messungen führen, die in der modernen elektromagnetischen Relativitätstheorie auftreten. Aber das ist ein Vorgriff auf unsere weitere Entwicklung. Im Augenblick möchte ich untersuchen, wie die gewöhnlichen Auffassungen von Zeit und Raum bei der Vereinheitlichung unserer Vorstellung von der Natur helfen oder nicht helfen.

Betrachten wir zunächst die absoluten Theorien von Zeit und Raum. Wir müssen jedes, nämlich sowohl die Zeit als auch den Raum, als ein getrenntes und unabhängiges System von Entitäten betrachten, wobei jedes System uns in sich selbst und für sich selbst bekannt ist, gleichzeitig mit unserer Kenntnis der Naturereignisse. Die Zeit ist die geordnete Abfolge von Augenblicken ohne Dauer; und diese Augenblicke sind uns nur als die Relata in der seriellen Relation bekannt, die die zeitordnende Relation ist, und die zeitordnende Relation ist uns nur als die Beziehung der Augenblicke bekannt. Das heißt, die Relation und die Zeitpunkte sind uns in unserem Verständnis von Zeit gemeinsam bekannt, wobei jeder den anderen impliziert.

Dies ist die absolute Theorie der Zeit. Ehrlich gesagt, muss ich gestehen, dass sie mir sehr unplausibel erscheint. Ich kann in meinem eigenen Wissen nichts finden, was der bloßen Zeit der absoluten Theorie entspricht. Die Zeit ist mir als eine Abstraktion vom Ablauf der Ereignisse bekannt. Die grundlegende Tatsache, die diese Abstraktion möglich macht, ist das Vergehen der Natur, ihre Entwicklung, ihr schöpferischer Fortschritt, und mit dieser Tatsache ist eine weitere Eigenschaft der Natur verbunden, nämlich die umfassende Beziehung zwischen den Ereignissen. Diese beiden Tatsachen, nämlich das Vergehen der Ereignisse und die Ausdehnung der Ereignisse übereinander, sind meiner Meinung nach die Eigenschaften, aus denen Zeit und Raum als Abstraktionen hervorgehen. Damit greife ich aber meinen eigenen späteren Spekulationen vor.

In der Zwischenzeit müssen wir, um zur absoluten Theorie zurückzukehren, davon ausgehen, dass uns die Zeit unabhängig von allen zeitlichen Ereignissen bekannt ist. Was in der Zeit geschieht, nimmt die Zeit ein. Diese Beziehung zwischen den Ereignissen und der belegten Zeit, d. h. diese Beziehung der Belegung, ist eine grundlegende Beziehung der Natur zur Zeit. Die Theorie setzt also voraus, dass wir uns zweier grundlegender Beziehungen bewusst sind, nämlich der Zeitordnungsbeziehung zwischen Zeitpunkten und der Zeitbesetzungsbeziehung zwischen Zeitpunkten und Naturzuständen, die in diesen Zeitpunkten geschehen.

Es gibt zwei Überlegungen, die die vorherrschende Theorie der absoluten Zeit stark unterstützen. Erstens geht die Zeit über die Natur hinaus. Unsere Gedanken sind in der Zeit. Dementsprechend scheint es unmöglich, die Zeit nur aus den Beziehungen zwischen den Elementen der Natur abzuleiten. Denn in diesem Fall könnten zeitliche Beziehungen keine Gedanken miteinander verbinden. Um eine Metapher zu gebrauchen, würde die Zeit also offenbar tiefer in der Wirklichkeit verwurzelt sein als die Natur. Denn wir können uns Gedanken vorstellen, die in zeitlicher Beziehung zueinander stehen, ohne dass eine Wahrnehmung der Natur hat. Wir können uns zum Beispiel einen von Miltons Engeln mit zeitlich aufeinanderfolgenden Gedanken vorstellen, der nicht zufällig bemerkt hat, dass der Allmächtige den Raum geschaffen und darin ein materielles Universum eingerichtet hat. In der Tat glaube ich, dass Milton den Raum auf dieselbe absolute Ebene wie die Zeit gestellt hat. Aber das braucht die Illustration nicht zu stören. Zweitens ist es schwierig, den wahren seriellen Charakter der Zeit aus der relativen Theorie abzuleiten. Jeder Augenblick ist unwiderruflich. Er kann sich aufgrund des Charakters der Zeit selbst niemals wiederholen. Wenn aber nach der Relativitätstheorie ein Zeitmoment einfach der Zustand der Natur zu diesem Zeitpunkt ist und die Zeitordnungsrelation einfach die Beziehung zwischen solchen Zuständen, dann scheint die Unwiderruflichkeit der Zeit zu bedeuten, dass ein tatsächlicher Zustand der gesamten Natur niemals wiederkehren kann. Ich gebe zu, dass es unwahrscheinlich erscheint, dass es jemals eine solche Wiederkehr bis ins kleinste Detail geben könnte. Aber die extreme Unwahrscheinlichkeit ist nicht der Punkt. Unsere Unwissenheit ist so abgrundtief, dass unsere Urteile über die Wahrscheinlichkeit und Unwahrscheinlichkeit zukünftiger Ereignisse kaum zählen. Der eigentliche Punkt ist, dass die exakte Wiederkehr eines Naturzustandes lediglich unwahrscheinlich erscheint, während die Wiederkehr eines Zeitmomentes unsere gesamte Vorstellung von Zeitordnung verletzt. Die Augenblicke der Zeit, die vergangen sind, sind vergangen und können es nie wieder sein.

Jede alternative Theorie der Zeit muss mit diesen beiden Überlegungen rechnen, die die absolute Theorie stützen. Aber ich werde ihre Diskussion jetzt nicht fortsetzen.

Die absolute Theorie des Raums ist analog zur entsprechenden Theorie der Zeit, aber die Gründe für ihre Beibehaltung sind schwächer. Der Raum ist nach dieser Theorie ein System von dehnungslosen Punkten, die die Relata in raumordnenden Relationen sind, die technisch zu einer Relation zusammengefasst werden können. Diese Relation ordnet die Punkte nicht in einer linearen Reihe analog zur einfachen Methode der zeitlichen Ordnungsrelation für Augenblicke. Die wesentlichen logischen Merkmale dieser Beziehung, aus denen alle Eigenschaften des Raumes hervorgehen, haben die Mathematiker in den Axiomen der Geometrie ausgedrückt. Aus diesen Axiomen [3], wie sie von den modernen Mathematikern formuliert wurden, kann die gesamte Wissenschaft der Geometrie durch strengste logische Schlussfolgerungen abgeleitet werden. Die Einzelheiten dieser

Axiome gehen uns jetzt nichts an. Die Punkte und die Beziehungen sind uns in unserem Verständnis des Raumes gemeinsam bekannt, wobei jeder den anderen impliziert. Was im Raum geschieht, nimmt den Raum ein. Diese Beziehung der Besetzung wird gewöhnlich nicht für Ereignisse, sondern für Objekte angegeben. Zum Beispiel würde man sagen, dass die Statue des Pompejus den Raum einnimmt, aber nicht das Ereignis, das die Ermordung Julius Cäsars war. Ich bin der Meinung, dass der übliche Sprachgebrauch in diesem Punkt unglücklich ist, und ich bin der Meinung, dass die Beziehungen von Ereignissen zum Raum und zur Zeit in jeder Hinsicht analog sind. Aber hier dringe ich in meine eigene Meinung ein, die in späteren Vorlesungen diskutiert werden soll. Die Theorie des absoluten Raums setzt also voraus, dass wir uns zweier grundlegender Beziehungen bewusst sind, nämlich der Beziehung zwischen der Ordnung des Raums, die zwischen den Punkten besteht, und der Beziehung zwischen den Punkten des Raums und den materiellen Objekten, die den Raum einnehmen.

[3] Vgl. z.B. *Projektive Geometrie* von Veblen und Young, Bd. i. 1910, Bd. ii. 1917, Ginn and Company, Boston, U.S.A.

Dieser Theorie fehlen die beiden Hauptstützen der entsprechenden Theorie der absoluten Zeit. Erstens reicht der Raum nicht in dem Sinne über die Natur hinaus, wie es die Zeit zu tun scheint. Unsere Gedanken scheinen den Raum nicht auf dieselbe intime Weise einzunehmen, wie sie die Zeit einnehmen. Ich habe zum Beispiel in einem Raum gedacht, und insofern sind meine Gedanken im Raum. Aber es scheint unsinnig zu fragen, wie viel Raum sie einnahmen, ob es ein Kubikfuß oder ein Kubikzoll war, während dieselben Gedanken eine bestimmte Zeitspanne einnehmen, zum Beispiel von elf bis zwölf an einem bestimmten Tag.

Während also die Beziehungen einer relativen Theorie der Zeit erforderlich sind, um die Gedanken zu verbinden, scheint es nicht so offensichtlich, dass die Beziehungen einer relativen Theorie des Raumes erforderlich sind, um sie zu verbinden. Die Verbindung der Gedanken mit dem Raum scheint einen gewissen Charakter der Indirektheit zu haben, der bei der Verbindung der Gedanken mit der Zeit zu fehlen scheint.

Auch die Unwiderruflichkeit der Zeit scheint keine Entsprechung im Raum zu haben. Der Raum ist nach der relativen Theorie das Ergebnis bestimmter Beziehungen zwischen Objekten, die man gemeinhin als im Raum befindlich bezeichnet; und wenn es die Objekte gibt, die auf diese Weise in Beziehung stehen, gibt es auch den Raum. Es scheint sich keine

Schwierigkeit zu ergeben wie die der unbequemen Zeitpunkte, die möglicherweise wieder auftauchen könnten, wenn wir glauben, dass wir mit ihnen fertig sind.

Die absolute Theorie des Raumes ist heute nicht allgemein verbreitet. Das Wissen über den bloßen Raum als ein System von Entitäten, das uns in sich selbst und für sich selbst unabhängig von unserem Wissen über die Ereignisse in der Natur bekannt ist, scheint unserer Erfahrung nicht zu entsprechen. Der Raum scheint, wie die Zeit, eine Abstraktion von den Ereignissen zu sein. Nach meiner eigenen Theorie unterscheidet er sich von der Zeit erst in einem etwas fortgeschrittenen Stadium des Abstraktionsprozesses. Die üblichere Art, die relationale Theorie des Raums auszudrücken, wäre, den Raum als eine Abstraktion von den Beziehungen zwischen materiellen Objekten zu betrachten.

Nehmen wir nun an, es gäbe eine absolute Zeit und einen absoluten Raum . Wie wirkt sich diese Annahme auf den Begriff der Natur aus, die sich in eine kausale Natur und eine scheinbare Natur aufteilt? Zweifelsohne wird die Trennung zwischen den beiden Naturen nun stark abgeschwächt. Wir können sie mit zwei gemeinsamen Beziehungssystemen ausstatten; denn man kann davon ausgehen, dass beide Naturen denselben Raum und dieselbe Zeit einnehmen. Die Theorie lautet nun wie folgt: Kausale Ereignisse nehmen bestimmte Perioden der absoluten Zeit und bestimmte Positionen des absoluten Raumes ein. Diese Ereignisse beeinflussen einen Verstand, der daraufhin bestimmte scheinbare Ereignisse wahrnimmt, die bestimmte Zeiträume in der absoluten Zeit und bestimmte Positionen im absoluten Raum einnehmen; und die Zeiträume und Positionen, die von den scheinbaren Ereignissen eingenommen werden, stehen in einer bestimmten Beziehung zu den Zeiträumen und Positionen, die von den kausalen Ereignissen eingenommen werden.

Außerdem erzeugen bestimmte kausale Ereignisse für den Verstand bestimmte scheinbare Ereignisse. Wahnvorstellungen sind scheinbare Ereignisse, die in zeitlichen Perioden und räumlichen Positionen ohne das Eingreifen dieser kausalen Ereignisse erscheinen, die für die Beeinflussung des Geistes zu ihrer Wahrnehmung geeignet sind.

Die gesamte Theorie ist vollkommen logisch. In diesen Diskussionen können wir nicht hoffen, eine unsolide Theorie in einen logischen Widerspruch zu treiben. Ein Denker verwickelt sich, abgesehen von bloßen Ausrutschern, nur dann in einen Widerspruch, wenn er sich vor einer *reductio ad absurdum* scheut. Der wesentliche Grund für die Ablehnung einer philosophischen Theorie ist das "Absurdum", auf das sie uns reduziert. Im Falle der Naturphilosophie kann das "Absurdum" nur darin bestehen, dass unser Wahrnehmungswissen nicht den Charakter hat, den ihm die Theorie zuweist. Wenn unser Gegner behauptet, dass sein Wissen diesen Charakter hat, können wir nur - nachdem wir uns doppelt vergewissert haben, dass wir uns gegenseitig verstehen - vereinbaren, uns zu unterscheiden. Dementsprechend besteht die erste Pflicht eines Erklärers bei der Darlegung einer Theorie, an die er nicht glaubt, darin, sie als logisch darzustellen. Darin liegt aber nicht sein Problem.

Lassen Sie mich die bereits erwähnten Einwände gegen diese Theorie der Natur zusammenfassen. Erstens sucht sie nach der Ursache für die Erkenntnis des Erkannten, anstatt nach dem Charakter des Erkannten zu suchen; zweitens setzt sie eine Erkenntnis der Zeit an sich voraus, abgesehen von Ereignissen, die sich auf die Zeit beziehen; drittens setzt sie eine Erkenntnis des Raumes an sich voraus, abgesehen von Ereignissen, die sich auf den Raum beziehen. Zusätzlich zu diesen Einwänden gibt es noch andere Mängel in der Theorie.

Es wird etwas Licht auf den künstlichen Status der kausalen Natur in dieser Theorie geworfen, indem die Frage gestellt wird, warum man annimmt, dass die kausale Natur Zeit und Raum einnimmt. Dies wirft die grundlegende Frage auf, welche Eigenschaften die kausale Natur mit der scheinbaren Natur gemeinsam haben sollte. Warum sollte nach dieser Theorie die Ursache, die den Verstand zu einer Wahrnehmung veranlasst, irgendwelche Eigenschaften mit der abfließenden scheinbaren Natur gemeinsam haben? Warum sollte sie insbesondere im Raum sein? Warum sollte sie in der Zeit sein? Und ganz allgemein: Was wissen wir über den Geist, das es uns erlauben würde, auf bestimmte Eigenschaften einer Ursache zu schließen, die den Geist zu bestimmten Wirkungen beeinflussen sollte?

Die Transzendenz der Zeit über die Natur hinaus gibt einen leichten Grund für die Annahme, dass die kausale Natur die Zeit einnimmt. Denn wenn der Geist Zeiträume einnimmt, scheint es einen vagen Grund für die Annahme zu geben, dass beeinflussende Ursachen dieselben Zeiträume einnehmen oder zumindest Zeiträume einnehmen, die in enger Beziehung zu den geistigen Zeiträumen stehen. Aber wenn der Geist nicht Raumvolumina einnimmt, scheint es keinen Grund zu geben, warum die kausale Natur irgendwelche Raumvolumina einnehmen sollte. So scheint der Raum nur scheinbar zu sein, in demselben Sinne, wie die scheinbare

Natur nur scheinbar ist. Wenn die Wissenschaft also wirklich Ursachen untersucht, die auf den Geist einwirken, dann scheint sie völlig auf dem Holzweg zu sein, wenn sie annimmt, dass die Ursachen, nach denen sie sucht, räumliche Beziehungen haben. Darüber hinaus gibt es in unserem Wissen nichts, was diesen Ursachen, die den Verstand zur Wahrnehmung veranlassen, ähnlich wäre. Abgesehen von der voreiligen Annahme, dass sie die Zeit in Anspruch nehmen, gibt es also wirklich keinen Grund, durch den wir irgendeinen Punkt ihres Charakters bestimmen könnten. Sie müssen für immer unbekannt bleiben.

Nun gehe ich davon aus, dass die Wissenschaft kein Märchen ist. Sie ist nicht damit beschäftigt, unbekannte Entitäten mit willkürlichen und fantastischen Eigenschaften auszustatten. Was ist es dann, was die Wissenschaft tut, vorausgesetzt, sie bewirkt etwas von Bedeutung? Meine Antwort ist, dass sie den Charakter der bekannten Dinge bestimmt, nämlich den Charakter der scheinbaren Natur. Aber wir können den Begriff "scheinbar" weglassen; denn es gibt nur eine Natur, nämlich die Natur, die uns in der Wahrnehmungserkenntnis vor Augen ist. Die Zeichen, die die Wissenschaft in der Natur erkennt, sind subtile Zeichen, die auf den ersten Blick nicht offensichtlich sind. Sie sind Beziehungen von Beziehungen und Zeichen von Zeichen. Aber trotz ihrer Subtilität sind sie von einer gewissen Einfachheit geprägt, die ihre Betrachtung unentbehrlich macht, um die komplexen Beziehungen zwischen den Zeichen zu enträtseln, die für die Wahrnehmung wichtiger sind.

Die Tatsache, dass die Zweiteilung der Natur in kausale und scheinbare Komponenten nicht das ausdrückt, was wir mit unserem Wissen meinen, wird uns vor Augen geführt, wenn wir unsere Gedanken bei jeder Diskussion über die Ursachen unserer Wahrnehmungen realisieren. Ein Beispiel: Das Feuer brennt und wir sehen eine rote Kohle. In der Wissenschaft wird dies damit erklärt, dass die Strahlungsenergie der Kohle in unsere Augen gelangt. Aber wenn wir nach einer solchen Erklärung suchen, fragen wir nicht nach der Art der Ereignisse, die geeignet sind, einen Geist dazu zu bringen, rot zu sehen. Die Kette der Verursachung ist eine ganz andere. Der Verstand ist ganz und gar ausgeschaltet. Die eigentliche Frage lautet: Wenn Rot in der Natur vorkommt, was findet sich dann dort noch? Wir fragen nämlich nach einer Analyse der Begleiterscheinungen der Entdeckung von Rot in der Natur. In einem späteren Vortrag werde ich diesen Gedankengang vertiefen. Ich weise hier nur darauf hin, dass die Wellentheorie des Lichts nicht deshalb angenommen wurde, weil Wellen genau die Art von Dingen sind, die einen

Geist dazu bringen sollten, Farben wahrzunehmen. Dies ist kein Teil der Beweise, die jemals für die Wellentheorie angeführt wurden, aber für die kausale Theorie der Wahrnehmung ist es wirklich der einzige relevante Teil. Mit anderen Worten: Die Wissenschaft diskutiert nicht die Ursachen der Erkenntnis, sondern die Kohärenz der Erkenntnis. Das Verständnis, das die Wissenschaft anstrebt, ist ein Verständnis der Beziehungen innerhalb der Natur.

Bisher habe ich die Bifurkation der Natur im Zusammenhang mit den Theorien der absoluten Zeit und des absoluten Raums diskutiert. Der Grund dafür war, dass die Einführung der relationalen Theorien die Argumente für die Bifurkation nur abschwächt, und ich wollte diesen Fall auf seinen stärksten Grundlagen diskutieren.

Nehmen wir zum Beispiel die relationale Theorie des Raumes an. Dann ist der Raum, in dem sich die scheinbare Natur befindet, der Ausdruck bestimmter Beziehungen zwischen den scheinbaren Objekten. Er ist eine Menge von scheinbaren Relationen zwischen scheinbaren Relata. Die scheinbare Natur ist der Traum, und die scheinbaren Beziehungen des Raumes sind Traumbeziehungen, und der Raum ist der Traumraum. In ähnlicher Weise ist der Raum, in dem sich die kausale Natur befindet, der Ausdruck bestimmter Beziehungen zwischen den kausalen Objekten. Er ist der Ausdruck bestimmter Tatsachen über die kausale Aktivität, die hinter den Kulissen abläuft. Dementsprechend gehört der kausale Raum zu einer anderen Ordnung der Wirklichkeit als der scheinbare Raum. Daher gibt es keine punktuelle Verbindung zwischen den beiden und es ist sinnlos zu sagen, dass sich die Moleküle des Grases an irgendeinem Ort befinden, der eine bestimmte räumliche Beziehung zu dem Ort hat, den das Gras, das wir sehen, einnimmt. Diese Schlussfolgerung ist sehr paradox und macht die gesamte wissenschaftliche Phraseologie unsinnig. Noch schlimmer ist der Fall, wenn wir die Relativität der Zeit zugeben. Denn es gelten die gleichen Argumente, die die Zeit in die Traumzeit und die Kausalzeit aufteilen, die zu verschiedenen Ordnungen der Wirklichkeit gehören.

Ich habe jedoch eine extreme Form der Bifurkationstheorie erörtert. Sie ist, wie ich meine, die vertretbarste Form. Aber gerade ihre Bestimmtheit macht sie um so offensichtlicher angreifbar für Kritik. Die Zwischenform lässt zu, dass die Natur, von der wir sprechen, immer die direkt bekannte Natur ist, und lehnt insofern die Bifurkationstheorie ab. Aber sie behauptet, dass es psychische Zusätze zur so bekannten Natur gibt und dass diese Zusätze in keinem eigentlichen Sinne Teil der Natur sind. Zum Beispiel nehmen wir die rote Billardkugel zu ihrer richtigen Zeit, an ihrem richtigen Ort, mit ihrer richtigen Bewegung, mit ihrer richtigen Härte und mit ihrer richtigen Trägheit wahr. Aber ihre Röte und ihre Wärme und das Geräusch des Klicks beim Abschuss einer Kanone sind psychische Zusätze, nämlich sekundäre Qualitäten, die nur die Art sind, wie der Verstand die Natur wahrnimmt. Dies ist nicht nur die vage vorherrschende Theorie, sondern ist, so glaube ich, die historische Form der Bifurkationstheorie, soweit sie aus der Philosophie abgeleitet ist. Ich werde sie die Theorie der psychischen Ergänzungen nennen.

Diese Theorie der psychischen Ergänzungen ist eine solide Theorie des gesunden Menschenverstandes, die den offensichtlichen Realitäten von Zeit, Raum, Festigkeit und Trägheit große Bedeutung beimisst, aber den kleinen künstlerischen Ergänzungen von Farbe, Wärme und Klang misstraut.

Die Theorie ist das Ergebnis des gesunden Menschenverstands auf dem Rückzug. Sie entstand in einer Epoche, in der die Übertragungstheorien der Wissenschaft ausgearbeitet wurden. Zum Beispiel ist Farbe das Ergebnis einer Übertragung vom materiellen Objekt zum Auge des Wahrnehmenden; und was so übertragen wird, ist nicht Farbe. Die Farbe ist also nicht Teil der Realität des materiellen Objekts. Aus demselben Grund verflüchtigen sich auch Geräusche aus der Natur. Auch Wärme ist auf die Übertragung von etwas zurückzuführen, das nicht Temperatur ist. So bleiben uns raum-zeitliche Positionen und das, was ich als die "Dringlichkeit" des Körpers bezeichnen möchte. Damit sind wir beim Materialismus des achtzehnten und neunzehnten Jahrhunderts angelangt, d. h. bei der Überzeugung, dass das, was in der Natur wirklich ist, Materie ist, in Zeit und Raum und mit Trägheit.

Offensichtlich wurde eine qualitative Unterscheidung vorausgesetzt, die einige Wahrnehmungen aufgrund von Berührung von anderen Wahrnehmungen trennt. Diese Berührungswahrnehmungen sind Wahrnehmungen der realen Trägheit, während die anderen Wahrnehmungen psychische Ergänzungen sind, die durch die Kausaltheorie erklärt werden müssen. Diese Unterscheidung ist das Produkt einer Epoche, in der die physikalische Wissenschaft der medizinischen Pathologie und der Physiologie vorausgeeilt ist. Schubwahrnehmungen sind ebenso wie Farbwahrnehmungen das Ergebnis einer Übertragung. Wenn Farbe wahrgenommen wird, werden die Nerven des Körpers auf eine Weise erregt und übermitteln ihre Botschaft an das

Gehirn, und wenn Schub wahrgenommen wird, werden andere Nerven des Körpers auf eine andere Weise erregt und übermitteln ihre Botschaft an das Gehirn. Die Botschaft der einen Gruppe ist nicht die Übermittlung von Farbe, und die Botschaft der anderen Gruppe ist nicht die Übermittlung von Druck. Aber in einem Fall wird die Farbe wahrgenommen und im anderen Fall der Stoß durch das Objekt. Wenn man bestimmte Nerven durchtrennt, hört die Wahrnehmung der Farbe auf, und wenn man bestimmte andere Nerven durchtrennt, hört die Wahrnehmung des Stoßes auf. Es scheint also, dass alle Gründe, die die Farbe aus der Realität der Natur entfernen, auch die Trägheit beseitigen sollten.

So scheitert der Versuch, die scheinbare Natur in zwei Teile aufzuteilen, von denen der eine Teil sowohl für seine eigene Erscheinung als auch für die Erscheinung des anderen, rein scheinbaren Teils ursächlich ist, weil es nicht gelingt, eine grundlegende Unterscheidung zwischen unseren Erkenntnismöglichkeiten über die beiden so aufgeteilten Teile der Natur zu treffen. Ich bestreite nicht, dass das Gefühl der Muskelanstrengung historisch zur Formulierung des Begriffs der Kraft geführt hat. Aber diese historische Tatsache rechtfertigt es nicht, der materiellen Trägheit eine höhere Realität in der Natur zuzuschreiben als der Farbe oder dem Klang. Was die Realität betrifft, sitzen alle unsere Sinneswahrnehmungen im selben Boot und müssen nach demselben Prinzip behandelt werden. Die Gleichheit der Behandlung ist genau das, was diese Kompromisstheorie nicht erreicht.

Die Bifurkationstheorie hat jedoch einen schweren Stand. Der Grund dafür ist, dass es wirklich schwierig ist, innerhalb desselben Systems von Entitäten die Rötung des Feuers mit der Bewegung der Moleküle in Verbindung zu bringen. In einem anderen Vortrag werde ich meine eigene Erklärung für den Ursprung dieser Schwierigkeit und ihre Lösung geben.

Eine andere beliebte Lösung, die abgeschwächte Form , die die Bifurkationstheorie annimmt, ist die Behauptung, dass die Moleküle und der Äther der Wissenschaft rein begrifflich sind. Es gibt also nur eine Natur, nämlich die scheinbare Natur, und Atome und Äther sind lediglich Namen für logische Begriffe in begrifflichen Rechenformeln.

Was aber ist eine Berechnungsformel? Vermutlich ist es eine Aussage, dass etwas oder etwas anderes für natürliche Ereignisse gilt. Nehmen wir die einfachste aller Formeln: Zwei und zwei sind vier. Sie besagt - soweit sie auf die Natur zutrifft -, dass, wenn man zwei natürliche Entitäten und dann wieder zwei andere natürliche Entitäten nimmt, die kombinierte

44

Klasse vier natürliche Entitäten enthält. Solche Formeln, die für beliebige Entitäten wahr sind, können nicht zur Bildung der Begriffe von Atomen führen. Dann gibt es wiederum Formeln, die behaupten, dass es in der Natur Entitäten mit solchen und solchen besonderen Eigenschaften gibt, z.B. mit den Eigenschaften der Wasserstoffatome. Wenn es nun keine solchen Entitäten gibt, sehe ich nicht, wie irgendwelche Aussagen über sie auf die Natur zutreffen können. Zum Beispiel kann die Behauptung, dass es grünen Käse auf dem Mond gibt, keine Prämisse in einer Deduktion von wissenschaftlicher Bedeutung sein, es sei denn, das Vorhandensein von grünem Käse auf dem Mond wurde tatsächlich durch ein Experiment verifiziert. Die gängige Antwort auf diese Einwände lautet, dass Atome zwar nur begrifflich sind, dass sie aber eine interessante und malerische Art und Weise sind, etwas anderes zu sagen, das in der Natur wahr ist. Aber wenn es etwas anderes ist, das Sie meinen, dann sagen Sie es um Himmels willen. Lassen Sie diese komplizierte Maschinerie begrifflicher Natur weg, die aus Behauptungen über Dinge besteht, die nicht existieren, um Wahrheiten über Dinge zu vermitteln, die existieren. Ich vertrete die offensichtliche Position, dass wissenschaftliche Gesetze, wenn sie wahr sind, Aussagen über Entitäten sind, von denen wir wissen, dass sie in der Natur vorkommen; und dass, wenn die Entitäten, auf die sich die Aussagen beziehen, nicht in der Natur zu finden sind, die Aussagen über sie keine Relevanz für irgendein rein natürliches Ereignis haben. So sind die Moleküle und Elektronen der wissenschaftlichen Theorie, soweit die Wissenschaft ihre Gesetze richtig formuliert hat, jeweils Faktoren, die in der Natur zu finden sind. Die Elektronen sind nur insofern hypothetisch, als wir nicht ganz sicher sind, dass die Elektronentheorie wahr ist. Aber ihr hypothetischer Charakter ergibt sich nicht aus dem Wesen der Theorie an sich, nachdem ihre Wahrheit anerkannt worden ist.

So kehren wir am Ende dieser etwas komplizierten Diskussion zu dem Standpunkt zurück, der zu Beginn bekräftigt wurde. Die primäre Aufgabe einer Philosophie der Naturwissenschaften ist es, den Begriff der Natur, der als ein komplexes Faktum für die Erkenntnis betrachtet wird, zu erhellen, die grundlegenden Entitäten und die grundlegenden Beziehungen zwischen Entitäten aufzuzeigen, in denen alle Naturgesetze angegeben werden müssen, und sicherzustellen, dass die so aufgezeigten Entitäten und Beziehungen für den Ausdruck aller Beziehungen zwischen Entitäten, die in der Natur vorkommen, angemessen sind.

Die dritte Voraussetzung, nämlich die der Angemessenheit, ist diejenige, bei der die meisten Schwierigkeiten auftreten. Als endgültige Daten der

Wissenschaft werden gemeinhin Zeit, Raum, Materie, Eigenschaften der Materie und Beziehungen zwischen materiellen Objekten angenommen. Aber die Daten, wie sie in den wissenschaftlichen Gesetzen vorkommen, beziehen sich nicht auf alle Entitäten, die sich in unserer Wahrnehmung der Natur zeigen. Zum Beispiel ist die Wellentheorie des Lichts eine ausgezeichnete, gut etablierte Theorie; aber leider lässt sie die wahrgenommene Farbe aus. So muss die wahrgenommene Röte - oder eine andere Farbe - aus der Natur herausgeschnitten und zur Reaktion des Geistes unter dem Impuls der tatsächlichen Ereignisse der Natur gemacht werden. Mit anderen Worten, dieses Konzept der grundlegenden Beziehungen innerhalb der Natur ist unzureichend. Daher müssen wir unsere Energien auf die Formulierung angemessener Begriffe verwenden.

Aber versuchen wir damit nicht, ein metaphysisches Problem zu lösen? Das glaube ich nicht. Wir bemühen uns lediglich, die Art der Beziehungen aufzuzeigen, die zwischen den Entitäten bestehen, die wir tatsächlich als Natur wahrnehmen. Wir sind nicht dazu aufgerufen, eine Aussage über die psychologische Beziehung zwischen Subjekten und Objekten oder über den Status der beiden im Bereich der Realität zu treffen. Es stimmt, dass das Thema unserer Arbeit Material liefern kann, das für eine Diskussion über diese Frage relevant ist. Daran kann es kaum scheitern. Aber es ist nur ein Beweis und nicht selbst die metaphysische Diskussion. Um den Charakter dieser weiteren Diskussion, die sich unserer Kenntnis entzieht, zu verdeutlichen, möchte ich Ihnen zwei Zitate vorlegen. Das eine stammt von Schelling, und ich entnehme das Zitat dem Werk des russischen Philosophen Lossky, das kürzlich so hervorragend ins Englische übersetzt wurde [4]-"In der "Philosophie der Natur" habe ich das Subjekt-Objekt, das Natur genannt wird, in seiner Tätigkeit der Selbstkonstruktion betrachtet. Um sie zu verstehen, müssen wir uns zu einer intellektuellen Intuition der Natur erheben. Der Empiriker erhebt sich nicht dazu, und deshalb erweist *er sich* in all seinen Erklärungen immer *selbst als* Konstrukteur der Natur. Kein Wunder also, dass seine Konstruktion und das, was konstruiert werden sollte, so selten übereinstimmen. Ein *Naturphilosoph erhebt die* Natur zur Selbständigkeit und lässt sie sich selbst konstruieren, und er empfindet daher nie die Notwendigkeit, die konstruierte Natur (d.*h.* die Erfahrung) der wirklichen Natur gegenüberzustellen oder die eine durch die andere zu korrigieren.'

[4] *The Intuitive Basis of Knowledge*, von N. O. Lossky, übersetzt von Mrs. Duddington, Macmillan and Co., 1919.

46

Das andere Zitat stammt aus einem Vortrag, den der Dekan von St. Paul's im Mai 1919 vor der Aristotelischen Gesellschaft hielt. Das Referat von Dr. Inge trägt den Titel "Platonismus und menschliche Unsterblichkeit" und enthält folgende Aussage: "Um es zusammenzufassen. Die platonische Lehre von der Unsterblichkeit beruht auf der *Unabhängigkeit* der geistigen Welt. Die geistige Welt ist nicht eine Welt unverwirklichter Ideale, die einer realen Welt ungeistlicher Tatsachen gegenübersteht. Sie ist im Gegenteil die reale Welt, von der wir eine wahre, wenn auch sehr unvollständige Kenntnis haben, gegenüber einer Welt der allgemeinen Erfahrung, die als vollständiges Ganzes nicht real ist, da sie mit Hilfe der Einbildungskraft aus verschiedenen Daten, die nicht alle auf der gleichen Ebene liegen, verdichtet wurde. Es gibt keine Welt, die der Welt unserer gemeinsamen Erfahrung entspricht. Die Natur macht Abstraktionen für uns, indem sie entscheidet, welchen Bereich von Schwingungen wir sehen und hören sollen, welche Dinge wir wahrnehmen und erinnern sollen.

Ich habe diese Aussagen zitiert, weil beide Themen behandeln, die, obwohl sie außerhalb unserer Diskussion liegen, immer wieder mit ihr verwechselt werden. Der Grund dafür ist, dass sie in der Nähe unseres Denkbereichs liegen und Themen sind, die für den metaphysisch Denkenden von brennendem Interesse sind. Es ist für einen Philosophen schwer zu begreifen, dass jemand seine Diskussion wirklich auf die Grenzen beschränkt, die ich Ihnen aufgezeigt habe. Die Grenze wird genau dort gezogen, wo er beginnt, sich aufzuregen. Aber ich behaupte, dass zu den notwendigen Voraussetzungen für die Philosophie und für die Naturwissenschaft ein gründliches Verständnis der Arten von Entitäten und der Arten von Beziehungen zwischen diesen Entitäten gehört, die sich uns in unseren Wahrnehmungen der Natur offenbaren.

KAPITEL III
DIE ZEIT

Die beiden vorangegangenen Vorlesungen dieses Kurses waren hauptsächlich kritisch. In der vorliegenden Vorlesung möchte ich einen Überblick über die Arten von Entitäten geben, die für das Wissen in der Sinneswahrnehmung vorausgesetzt werden. Mein Ziel ist es, die Art der Beziehungen zu untersuchen, die diese Entitäten verschiedener Art zueinander haben können. Eine Klassifizierung der natürlichen Entitäten ist der Anfang der Naturphilosophie. Heute beginnen wir mit der Betrachtung der Zeit.

Zunächst einmal wird uns eine allgemeine Tatsache vorgesetzt: nämlich, dass etwas vor sich geht; es gibt ein Ereignis zur Definition.

Aus dieser allgemeinen Tatsache ergeben sich für unser Verständnis sogleich zwei Faktoren, die ich das "Erkannte" und das "Erkennbare" nennen will. Das Wahrgenommene besteht aus den Elementen der allgemeinen Tatsache, die mit ihren individuellen Eigenheiten unterschieden werden. Es ist das unmittelbar wahrgenommene Feld. Aber die Entitäten dieses Feldes stehen in Beziehung zu anderen Entitäten, die nicht auf diese individuelle Weise besonders unterschieden werden. Diese anderen Entitäten sind lediglich als die Relata in Bezug auf die Entitäten des wahrgenommenen Feldes bekannt. Eine solche Entität ist lediglich ein "Etwas", das so und so bestimmte Beziehungen zu einer bestimmten Entität oder zu bestimmten Entitäten im erkannten Feld hat. Da sie auf diese Weise in Beziehung stehen, sind sie - aufgrund des besonderen Charakters dieser Beziehungen - als Elemente der allgemeinen Tatsache, die vor sich geht, bekannt. Aber wir sind uns ihrer nicht bewusst, außer als Entitäten, die die Funktionen von Relata in diesen Beziehungen erfüllen.

Die vollständige allgemeine Tatsache, die als gegeben vorausgesetzt wird, umfasst also beide Gruppen von Entitäten, nämlich die Entitäten , die in ihrer eigenen Individualität wahrgenommen werden, und andere Entitäten, die lediglich als Relata ohne weitere Definition wahrgenommen werden. Diese vollständige allgemeine Tatsache ist das Erkennbare, und sie umfasst das Erkannte. Das Erkennbare ist die gesamte Natur, wie sie sich in diesem Sinnesbewusstsein offenbart, und geht darüber hinaus und umfasst die gesamte Natur, wie sie in diesem Sinnesbewusstsein tatsächlich unterschieden oder erkannt wird. Das Erkennen oder Unterscheiden der Natur ist ein eigentümliches Bewußtsein von besonderen Faktoren in der Natur in bezug auf ihre eigentümlichen Eigenschaften. Aber die Faktoren in der Natur, von denen wir diese eigentümliche Sinneswahrnehmung haben, sind bekanntlich nicht alle Faktoren, die zusammen den ganzen Komplex von zusammenhängenden Entitäten innerhalb der allgemeinen Tatsache bilden, die zur Unterscheidung da ist. Diese Besonderheit des Wissens nenne ich seinen unvollständigen Charakter. Dieser Charakter kann metaphorisch durch die Aussage beschrieben werden, dass die wahrgenommene Natur immer einen ausgefransten Rand hat. Es gibt zum Beispiel eine Welt jenseits des Raumes, auf den unser Blick beschränkt ist, die wir als Vervollständigung der Raumbeziehungen der im Raum wahrgenommenen Entitäten kennen. Die Grenze zwischen der Innenwelt des Raumes und der Außenwelt jenseits des Raumes ist niemals scharf. Geräusche und subtilere Faktoren, die sich in der Sinneswahrnehmung offenbaren, strömen von außen herein. Jede Sinnesart hat ihren eigenen Satz von unterschiedenen Entitäten, von denen bekannt ist, dass sie in Beziehung zu Entitäten stehen, die von diesem Sinn nicht unterschieden werden. Zum Beispiel sehen wir etwas, das wir nicht berühren, und wir berühren etwas, das wir nicht sehen, und wir haben ein allgemeines Gefühl für die räumlichen Beziehungen zwischen der Entität, die sich im Sehen offenbart, und der Entität, die sich im Berühren offenbart. So ist erstens jede dieser beiden Entitäten als ein Relatum in einem allgemeinen System von Raumbeziehungen bekannt, und zweitens ist die besondere gegenseitige Beziehung von dieser beiden Entitäten als aufeinander bezogen in diesem allgemeinen System bestimmt. Aber das allgemeine System der Raumbeziehungen, das die durch das Sehen unterschiedene Entität mit der durch den Tastsinn unterschiedenen Entität in Beziehung setzt, ist nicht abhängig von dem besonderen Charakter der anderen Entität, wie er durch den anderen Sinn berichtet wird. Zum Beispiel hätten die Raumbeziehungen des Gesehenen eine Entität als Relatum an der Stelle des Berührten erforderlich gemacht, auch wenn bestimmte Elemente seines Charakters durch die Berührung nicht offenbart worden wären. Abgesehen von der Berührung wäre also eine Entität mit einer bestimmten spezifischen Beziehung zu dem gesehenen Ding durch die Sinneswahrnehmung aufgedeckt worden, aber nicht anderweitig in Bezug auf ihren individuellen Charakter unterschieden worden. Eine Entität, von der man lediglich weiß, dass sie in einer räumlichen Beziehung zu einer wahrgenommenen Entität steht, ist das, was wir mit der bloßen Vorstellung von "Ort" meinen. Der Begriff des Ortes kennzeichnet die Offenlegung von Entitäten in der Natur, die lediglich durch ihre räumlichen Beziehungen zu erkannten Entitäten bekannt sind, in der Sinneswahrnehmung. Es ist die Offenlegung des Erkennbaren durch seine Beziehungen zu dem Erkannten.

Diese Offenlegung einer Entität als Relatum ohne weitere spezifische Unterscheidung der Qualität ist die Grundlage unseres Konzepts der Bedeutung. Im obigen Beispiel war das Gesehene insofern bedeutsam, als es seine räumlichen Beziehungen zu anderen Entitäten offenbarte, die nicht notwendigerweise auf andere Weise in das Bewusstsein treten. Signifikanz ist also Bezogenheit, aber es ist Bezogenheit mit der Betonung auf nur einem Ende der Beziehung.

Der Einfachheit halber habe ich das Argument auf räumliche Beziehungen beschränkt; dieselben Überlegungen gelten aber auch für zeitliche Beziehungen. Der Begriff der "Zeitspanne" markiert die Offenlegung von Entitäten in der Natur im Sinnesbewusstsein, die lediglich durch ihre zeitlichen Beziehungen zu wahrgenommenen Entitäten bekannt sind. Darüber hinaus wurde diese Trennung der Begriffe Raum und Zeit lediglich aus Gründen der Einfachheit der Darstellung durch Anpassung an die gängige Sprache vorgenommen. Was wir wahrnehmen, ist der spezifische Charakter eines Ortes über einen bestimmten Zeitraum hinweg. Das ist es, was ich mit einem "Ereignis" meine. Wir erkennen einen bestimmten Charakter eines Ereignisses. Aber wenn wir ein Ereignis wahrnehmen, sind wir uns auch seiner Bedeutung als Relatum im Gefüge der Ereignisse bewusst. Diese Struktur von Ereignissen ist der Komplex von Ereignissen, die durch die beiden Relationen der Ausdehnung und der Kogredienz miteinander verbunden sind. Der einfachste Ausdruck der Eigenschaften dieser Struktur ist in unseren räumlichen und zeitlichen Beziehungen zu finden. Ein wahrgenommenes Ereignis steht in dieser Struktur in Beziehung zu anderen Ereignissen, deren spezifischer Charakter in diesem unmittelbaren Bewusstsein nur insoweit offenbart wird, als sie innerhalb der Struktur Relata sind.

Die Offenlegung der Struktur von Ereignissen in der Sinneswahrnehmung unterteilt die Ereignisse in solche, die in Bezug auf einen weiteren individuellen Charakter erkannt werden, und solche, die nur als Elemente der Struktur offengelegt werden. Zu diesen bedeutungsvollen Ereignissen müssen sowohl Ereignisse in der fernen Vergangenheit als auch Ereignisse in der Zukunft gehören. Wir kennen sie als die fernen Perioden der unbegrenzten Zeit. Aber es gibt noch eine andere Klassifizierung von Ereignissen, die ebenfalls der Sinneswahrnehmung

50

inhärent ist. Das sind die Ereignisse, die die Unmittelbarkeit der unmittelbar gegenwärtigen wahrgenommenen Ereignisse teilen. Dies sind die Ereignisse, deren Charaktere zusammen mit denen der wahrgenommenen Ereignisse die gesamte Natur umfassen, die für die Wahrnehmung vorhanden ist. Sie bilden die vollständige allgemeine Tatsache, die die ganze Natur ist, die sich jetzt in diesem Sinnesbewusstsein offenbart. In dieser zweiten Klassifizierung der Ereignisse hat die Unterscheidung von Raum und Zeit ihren Ursprung. Der Keim des Raumes ist in den gegenseitigen Beziehungen der Ereignisse innerhalb der unmittelbaren allgemeinen Tatsache zu finden, die die ganze jetzt erkennbare Natur ist, nämlich innerhalb des einen Ereignisses, das die Totalität der gegenwärtigen Natur ist. Die Beziehungen der anderen Ereignisse zu dieser Gesamtheit der Natur bilden das Gefüge der Zeit.

Die Einheit dieser allgemeinen gegenwärtigen Tatsache wird durch den Begriff der Gleichzeitigkeit ausgedrückt. Die allgemeine Tatsache ist das gesamte gleichzeitige Geschehen der Natur, das jetzt für die Sinneswahrnehmung ist. Diese allgemeine Tatsache habe ich das Wahrnehmbare genannt. Künftig werde ich es aber "Dauer" nennen und damit eine bestimmte Gesamtheit der Natur meinen, die nur durch die Eigenschaft der Gleichzeitigkeit begrenzt ist. Gemäß dem Grundsatz, dass der gesamte Terminus des Sinnesbewusstseins in der Natur enthalten ist, darf die Gleichzeitigkeit nicht als ein irrelevanter mentaler Begriff aufgefasst werden, der der Natur aufgezwungen wird. Unsere Sinneswahrnehmung setzt für die unmittelbare Wahrnehmung ein bestimmtes Ganzes voraus, das hier "Dauer" genannt wird; eine Dauer ist also eine bestimmte natürliche Einheit. Eine Dauer wird als ein Komplex von Teilereignissen unterschieden, und die natürlichen Entitäten, die Bestandteile dieses Komplexes sind, werden dadurch als "gleichzeitig mit dieser Dauer" bezeichnet. Auch in einem abgeleiteten Sinn sind sie in Bezug auf diese Dauer gleichzeitig miteinander. Die Gleichzeitigkeit ist also eine eindeutige natürliche Beziehung. Das Wort "Dauer" ist vielleicht insofern unglücklich, als es eine rein abstrakte Zeitspanne suggeriert. Das ist aber nicht gemeint. Eine Dauer ist ein konkreter Abschnitt der Natur, der durch die Gleichzeitigkeit begrenzt ist, die ein wesentlicher Faktor ist, der sich im Sinnesbewusstsein offenbart.

Die Natur ist ein Prozess. Wie bei allem, was sich direkt in der Sinneswahrnehmung zeigt, kann es keine Erklärung für diese Eigenschaft der Natur geben. Alles, was getan werden kann, ist, eine Sprache zu verwenden, die es spekulativ zeigen kann, und auch die Beziehung dieses Faktors in der Natur zu anderen Faktoren auszudrücken.

Es ist eine Ausstellung über den Prozess der Natur, dass jede Dauer geschieht und vergeht. Der Prozess der Natur kann auch als das Vergehen der Natur bezeichnet werden. Ich verzichte an dieser Stelle ausdrücklich darauf, das Wort "Zeit" zu verwenden, da die messbare Zeit der Wissenschaft und des zivilisierten Lebens im Allgemeinen nur einige Aspekte der grundlegenderen Tatsache des Vergehens der Natur zeigt. Ich glaube, dass ich in dieser Lehre in vollem Einklang mit Bergson stehe, auch wenn er "Zeit" für die grundlegende Tatsache verwendet, die ich den "Gang der Natur" nenne. Auch der Übergang der Natur zeigt sich sowohl im räumlichen als auch im zeitlichen Übergang. Die Natur bewegt sich immer weiter, weil sie vergeht. Es gehört zur Bedeutung dieser Eigenschaft des "Weitergehens", dass nicht nur jeder Akt des Sinnesbewusstseins nur dieser Akt und kein anderer ist, sondern dass auch der Endpunkt jedes Aktes einzigartig ist und der Endpunkt keines anderen Aktes ist. Die Sinneswahrnehmung ergreift ihre einzige Chance und präsentiert der Erkenntnis etwas, das nur für sie bestimmt ist.

Der Terminus des Sinnesbewusstseins ist in zweierlei Hinsicht einzigartig. Er ist einzigartig für die Sinneswahrnehmung eines einzelnen Geistes und er ist einzigartig für die Sinneswahrnehmung aller Geister, die unter natürlichen Bedingungen arbeiten. Es gibt einen wichtigen Unterschied zwischen diesen beiden Fällen. (i) Für einen Geist ist nicht nur die erkannte Komponente der allgemeinen Tatsache, die sich in einem Akt der Sinneswahrnehmung zeigt, verschieden von der erkannten Komponente der allgemeinen Tatsache, die sich in einem anderen Akt der Sinneswahrnehmung dieses Geistes zeigt, sondern auch die beiden entsprechenden Zeitdauern, die jeweils durch Gleichzeitigkeit mit den beiden erkannten Komponenten verbunden sind, sind notwendigerweise verschieden. Dies ist eine Darstellung des zeitlichen Ablaufs der Natur; nämlich, dass eine Dauer in die andere übergegangen ist. Der Übergang der Natur ist also nicht nur ein wesentliches Merkmal der Natur in ihrer *Rolle als* Endpunkt des Sinnesbewusstseins, sondern er ist auch wesentlich für das Sinnesbewusstsein an sich. Es ist diese Wahrheit, die die Zeit als über die Natur hinausreichend erscheinen lässt. Aber was sich über die Natur hinaus auf den Geist erstreckt, ist nicht die serielle und messbare Zeit, die lediglich den Charakter des Durchgangs in der Natur aufweist, sondern die Qualität des Durchgangs selbst, die in keiner Weise messbar ist, außer insofern sie in der Natur gegeben ist. Das heißt, der "Durchgang" ist nicht messbar, es sei denn, er tritt in der Natur im Zusammenhang mit der Ausdehnung auf. In der Passage erreichen wir eine Verbindung der Natur mit der letzten metaphysischen Realität. Die Qualität der Passage in den Zeiträumen ist eine besondere Ausstellung in der Natur einer Qualität, die über die Natur hinausgeht. Zum Beispiel ist die Passage eine Eigenschaft nicht nur der Natur, die das Erkannte ist, sondern auch des Sinnesbewusstseins, das das Verfahren des Erkennens ist. Die Zeitdauer hat die gleiche Realität wie die Natur, aber was das sein mag, brauchen wir jetzt nicht zu bestimmen. Die Messbarkeit der Zeit leitet sich von den Eigenschaften der Zeitdauer ab. Das Gleiche gilt für den seriellen Charakter der Zeit. Wir werden feststellen, dass es in der Natur konkurrierende serielle Zeitsysteme gibt, die sich aus verschiedenen Familien von Zeitdauern ableiten. Diese sind eine Besonderheit des Charakters des Übergangs, wie er in der Natur zu finden ist. Dieser Charakter hat die Realität der Natur, aber wir dürfen die natürliche Zeit nicht notwendigerweise auf außer-natürliche Entitäten übertragen. (ii) Für zwei Geister müssen die wahrgenommenen Komponenten der allgemeinen Tatsachen, die sich in ihren jeweiligen Akten der Sinneswahrnehmung zeigen, unterschiedlich sein. Denn jeder Geist ist sich in seinem Naturbewusstsein eines bestimmten Komplexes verwandter natürlicher Entitäten in ihren Beziehungen zum lebenden Körper als Fokus bewusst. Aber die mit verbundenen Zeiträume können identisch sein. Hier berühren wir jenen Charakter der Natur des Durchgangs, der sich in den räumlichen Beziehungen der gleichzeitigen Körper zeigt. Diese mögliche Identität der Dauern im Falle des Sinnesbewusstseins verschiedener Geister ist das, was die privaten Erfahrungen der empfindenden Wesen zu einer Natur verbindet. Wir betrachten hier die räumliche Seite des Übergangs der Natur. Die Passage in diesem Aspekt scheint sich auch über die Natur hinaus auf den Geist zu erstrecken.

Es ist wichtig, Gleichzeitigkeit von Unmittelbarkeit zu unterscheiden. Ich lege keinen Wert auf den bloßen Sprachgebrauch der beiden Begriffe. Es sind zwei Begriffe, die ich unterscheiden möchte, und den einen nenne ich Gleichzeitigkeit, den anderen Unmittelbarkeit. Ich hoffe, dass die Worte klug gewählt sind; aber das ist wirklich nicht wichtig, solange es mir gelingt, meine Bedeutung zu erklären. Die Gleichzeitigkeit ist die Eigenschaft einer Gruppe von Naturelementen, die in gewissem Sinne Bestandteile einer Dauer sind. Eine Dauer kann die gesamte Natur sein, die als unmittelbare Tatsache durch das Sinnesbewusstsein dargestellt wird. Eine Dauer bewahrt in sich selbst den Übergang der Natur. Es gibt in ihr

Vorläufer und Nachfolger, die auch Dauern sind, die die vollständigen fiktiven Geschenke schnellerer Bewusstseine sein können. Mit anderen Worten, eine Dauer behält eine zeitliche Dicke. Jeder Begriff der gesamten Natur, wie wir sie unmittelbar kennen, ist immer ein Begriff von gewisser Dauer, auch wenn er in seiner zeitlichen Dicke über die mögliche fiktive Gegenwart eines uns bekannten Wesens, das in der Natur existiert, hinaus erweitert sein kann. So ist die Gleichzeitigkeit ein ultimativer Faktor in der Natur, unmittelbar für die Sinneswahrnehmung.

Die Unmittelbarkeit ist ein komplexer logischer Begriff für ein Verfahren im Denken, durch das konstruierte logische Gebilde zum Zweck der einfachen gedanklichen Verdrängung von Eigenschaften der Natur erzeugt werden . Die Unmittelbarkeit ist der Begriff der gesamten Natur in einem Augenblick, wobei ein Augenblick als ohne jede zeitliche Ausdehnung gedacht wird. Wir stellen uns zum Beispiel die Verteilung der Materie im Raum in einem Augenblick vor. Dies ist ein sehr nützliches Konzept in der Wissenschaft, insbesondere in der angewandten Mathematik; aber es ist eine sehr komplexe Idee, was ihre Verbindungen mit den unmittelbaren Tatsachen der Sinneswahrnehmung betrifft. Es gibt nicht so etwas wie eine Natur in einem Augenblick, die von der Sinneswahrnehmung vorausgesetzt wird. Was die Sinneswahrnehmung als Wissen überliefert, ist die Natur in einem bestimmten Zeitraum. Dementsprechend muss die Natur zu einem bestimmten Zeitpunkt, da sie selbst keine natürliche Entität ist, in Bezug auf echte natürliche Entitäten definiert werden. Wenn wir dies nicht tun, muss unsere Wissenschaft, die sich des Begriffs der augenblicklichen Natur bedient, jeden Anspruch aufgeben, auf Beobachtung zu beruhen.

Ich werde den Begriff "Augenblick" verwenden, um "die ganze Natur in einem Augenblick" zu bezeichnen. Ein Augenblick in dem Sinne, in dem der Begriff hier verwendet wird, hat keine zeitliche Ausdehnung und ist in dieser Hinsicht von einer Dauer zu unterscheiden, die eine solche Ausdehnung hat. Das, was durch die Sinneswahrnehmung unmittelbar unserer Erkenntnis zugänglich gemacht wird, ist eine Dauer. Demnach ist nun zu erklären, wie die Momente aus den Dauern abgeleitet werden, und auch, welchem Zweck ihre Einführung dient.

Ein Moment ist eine Grenze, der wir uns nähern, wenn wir unsere Aufmerksamkeit auf Zeiträume minimaler Ausdehnung beschränken. Die natürlichen Beziehungen zwischen den Bestandteilen einer Dauer gewinnen an Komplexität, wenn wir Dauern mit zunehmender zeitlicher

Ausdehnung betrachten. Dementsprechend gibt es eine Annäherung an die ideale Einfachheit, wenn wir uns einer idealen Verringerung der Ausdehnung nähern.

Das Wort "Grenze" hat in der Logik der Zahl und sogar in der Logik der nicht-numerischen eindimensionalen Reihen eine genaue Bedeutung. So wie es hier verwendet wird, ist es bisher nur eine Metapher, und es ist notwendig, den Begriff, den es bezeichnen soll, direkt zu erklären.

Dauern können die begriffliche Eigenschaft haben, sich übereinander zu erstrecken. So erstreckt sich die Dauer, die die ganze Natur während einer bestimmten Minute ist, über die Dauer, die die ganze Natur während der dreißigsten Sekunde dieser Minute ist. Diese Relation des "Erstreckens über" - ich werde sie "Extension" nennen - ist eine fundamentale natürliche Relation, deren Bereich mehr als die Dauer umfasst. Es ist eine Beziehung, die zwei begrenzte Ereignisse zueinander haben können. Darüber hinaus scheint sich die Beziehung, da sie zwischen Zeitdauern besteht, auf die rein zeitliche Ausdehnung zu beziehen. Ich werde jedoch behaupten, dass sowohl der zeitlichen als auch der räumlichen Ausdehnung dieselbe Ausdehnungsrelation zugrunde liegt. Diese Diskussion kann aufgeschoben werden, und im Moment geht es nur um die Beziehung der Ausdehnung, wie sie in ihrem zeitlichen Aspekt für das begrenzte Feld der Dauern auftritt.

Der Begriff der Ausdehnung zeigt im Denken die eine Seite des letzten Durchgangs der Natur. Diese Beziehung besteht aufgrund des besonderen Charakters, den der Übergang in der Natur annimmt; es ist die Beziehung, die im Fall von Dauern die Eigenschaften des "Übergehens" ausdrückt. So ging die Dauer, die eine bestimmte Minute war, über die Dauer, die ihre 30. Sekunde war. Die Dauer der 30. Sekunde war ein Teil der Dauer der Minute. Ich werde die Begriffe "Ganzes" und "Teil" ausschließlich in diesem Sinne verwenden, dass der "Teil" ein Ereignis ist, das von dem anderen Ereignis, das das "Ganze" ist, überlagert wird. In meiner Nomenklatur beziehen sich "Ganzes" und "Teil" also ausschließlich auf diese grundlegende Beziehung der Ausdehnung; und dementsprechend können in diesem technischen Sprachgebrauch nur Ereignisse entweder Ganzes oder Teile sein.

Die Kontinuität der Natur ergibt sich aus der Ausdehnung. Jedes Ereignis erstreckt sich über andere Ereignisse, und jedes Ereignis wird durch andere Ereignisse erweitert. So ist in dem besonderen Fall der Dauern, die jetzt die einzigen direkt betrachteten Ereignisse sind, jede

Dauer Teil anderer Dauern; und jede Dauer hat andere Dauern, die Teile von ihr sind. Dementsprechend gibt es keine maximalen Dauern und keine minimalen Dauern. Es gibt also keine atomare Struktur von Dauern, und die vollkommene Definition einer Dauer, um ihre Individualität zu markieren und sie von höchst analogen Dauern zu unterscheiden, über die sie läuft oder die über sie laufen, ist ein willkürliches Postulat des Denkens. Die Sinneswahrnehmung stellt Dauern als Faktoren in der Natur dar, ermöglicht es dem Denken aber nicht, sie als Unterscheidungsmerkmal für die getrennten Individualitäten der Entitäten einer verbündeten Gruppe von leicht unterschiedlichen Dauern zu verwenden. Dies ist ein Beispiel für die Unbestimmtheit des Sinnesbewusstseins. Die Exaktheit ist ein Ideal des Denkens und wird in der Erfahrung nur durch die Wahl eines Weges der Annäherung realisiert.

Das Fehlen von Höchst- und Mindestdauern erschöpft nicht die Eigenschaften der Natur, die ihre Kontinuität ausmachen. Der Lauf der Natur setzt das Vorhandensein einer Familie von Zeitdauern voraus. Wenn zwei Dauern zur selben Familie gehören, enthält entweder die eine die andere, oder sie überschneiden sich in einer untergeordneten Dauer, ohne dass die eine die andere enthält, oder sie sind völlig getrennt. Ausgeschlossen ist der Fall von Dauern, die sich in endlichen Ereignissen überschneiden, aber keine dritte Dauer als gemeinsamen Teil enthalten.

Es ist offensichtlich, dass die Beziehung der Ausdehnung transitiv ist, d. h., wenn die Dauer *A* Teil der Dauer *B* ist und die Dauer *B* Teil der Dauer *C* ist, dann ist *A* Teil von *C*. Somit können die ersten beiden Fälle zu einem zusammengefasst werden, und wir können sagen, dass zwei Dauern, die zu derselben Familie gehören, *entweder* so beschaffen sind, dass es Dauern gibt, die Teil von beiden sind, *oder* völlig getrennt sind.

Darüber hinaus gilt auch die Umkehrung dieses Satzes: Wenn zwei Dauern andere Dauern haben, die Teil beider Dauern sind, *oder* wenn die beiden Dauern völlig voneinander getrennt sind, dann gehören sie zur selben Familie.

Das weitere, bisher noch nicht formulierte Merkmal der Kontinuität der Natur - soweit es die Dauer betrifft - ergibt sich im Zusammenhang mit einer Familie von Dauern. Sie kann folgendermaßen formuliert werden: Es gibt Dauern, die als Teile zwei beliebige Dauern der gleichen Familie enthalten. Zum Beispiel enthält eine Woche als Teile zwei beliebige ihrer Tage. Es ist offensichtlich, dass eine enthaltende Dauer die Bedingungen für die Zugehörigkeit zur gleichen Familie wie die beiden enthaltenen Dauern erfüllt.

Wir sind nun bereit, mit der Definition eines Zeitmoments fortzufahren. Betrachten wir eine Menge von Zeitdauern, die alle aus derselben Familie stammen. Sie soll folgende Eigenschaften haben: (i) von zwei beliebigen Mitgliedern der Menge enthält die eine die andere als Teil, und (ii) es gibt keine Dauer, die ein gemeinsamer Teil jedes Mitglieds der Menge ist.

Nun ist die Beziehung von Ganzem und Teil asymmetrisch; und damit meine ich, dass wenn A ein Teil von B ist, dann ist B nicht ein Teil von A. Außerdem haben wir bereits festgestellt, dass die Beziehung transitiv ist. Dementsprechend können wir leicht erkennen, dass die Dauern einer beliebigen Menge mit den soeben aufgezählten Eigenschaften in einer eindimensionalen seriellen Reihenfolge angeordnet sein müssen, in der wir beim Abstieg in der Reihe allmählich Dauern von immer geringerer zeitlicher Ausdehnung erreichen. Die Reihe kann mit einer beliebig angenommenen Dauer von beliebiger zeitlicher Ausdehnung beginnen, aber beim Absteigen von der Reihe schrumpft die zeitliche Ausdehnung zunehmend und die aufeinanderfolgenden Dauern werden ineinander gepackt wie das Schachtelnest eines chinesischen Spielzeugs. Aber die Menge unterscheidet sich von dem Spielzeug in diesem Punkt: Das Spielzeug hat eine kleinste Schachtel, die die Endschachtel seiner Reihe bildet; aber die Menge der Dauern kann keine kleinste Dauer haben, noch kann sie zu einer Dauer als ihre Grenze konvergieren. Denn die Teile entweder der Enddauer oder des Grenzwertes wären Teile aller Dauern der Menge und damit wäre die zweite Bedingung für die Menge verletzt.

Ich werde eine solche Menge von Dauern eine "abstrakte Menge" von Dauern nennen. Es ist offensichtlich, dass eine abstrakte Menge auf ihrem Weg zum Ideal der gesamten Natur ohne zeitliche Ausdehnung konvergiert, nämlich zum Ideal der gesamten Natur in einem Augenblick. Aber dieses Ideal ist in Wirklichkeit das Ideal einer Nicht-Entität. Was die abstrakte Menge in Wirklichkeit tut, ist, das Denken zur Betrachtung der fortschreitenden Einfachheit der natürlichen Beziehungen zu leiten, wenn wir die zeitliche Ausdehnung der betrachteten Dauer schrittweise vermindern. Der springende Punkt des Verfahrens ist nun, dass die quantitativen Ausdrücke dieser natürlichen Eigenschaften zu Grenzen konvergieren, obwohl die abstrakte Menge nicht zu einer begrenzten Dauer konvergiert. Die Gesetze, die sich auf diese quantitativen Grenzen beziehen, sind die Gesetze der Natur "zu einem Zeitpunkt", obwohl es in

Wahrheit keine Natur zu einem Zeitpunkt gibt, sondern nur die abstrakte Menge. Die abstrakte Menge ist also die Einheit, die gemeint ist, wenn wir einen Augenblick der Zeit ohne zeitliche Ausdehnung betrachten. Sie erfüllt alle notwendigen Zwecke, um dem Begriff der Eigenschaften der Natur zu einem bestimmten Zeitpunkt eine eindeutige Bedeutung zu geben. Ich stimme voll und ganz zu, dass dieses Konzept von grundlegender Bedeutung für die Darstellung der physikalischen Wissenschaft ist. Die Schwierigkeit besteht darin, unsere Bedeutung in Begriffen der unmittelbaren Leistungen des Sinnesbewusstseins auszudrücken, und ich biete die obige Erklärung als eine vollständige Lösung des Problems an.

In dieser Erklärung ist ein Moment die Menge der natürlichen Eigenschaften, die durch einen Weg der Annäherung erreicht wird. Eine abstrakte Reihe ist ein Weg der Annäherung. Es gibt verschiedene Wege der Annäherung an dieselbe begrenzte Menge der Eigenschaften der Natur. Mit anderen Worten: Es gibt verschiedene abstrakte Mengen, die als Wege der Annäherung an dasselbe Moment zu betrachten sind. Dementsprechend ist ein gewisses Maß an technischen Details notwendig, um die Beziehungen zwischen solchen abstrakten Mengen mit gleicher Konvergenz zu erläutern und mögliche Ausnahmefälle zu vermeiden. Solche Details sind für die Darstellung in diesen Vorlesungen nicht geeignet, und ich habe sie an anderer Stelle ausführlich behandelt [5].

[5] Vgl. *An Enquiry concerning the Principles of Natural Knowledge, Cambridge University Press, 1919.*

Für technische Zwecke ist es bequemer, ein Moment als die Klasse aller abstrakten Mengen von Dauern mit der gleichen Konvergenz zu betrachten. Mit dieser Definition (vorausgesetzt, dass wir erfolgreich erklären können, was wir mit der "gleichen Konvergenz" meinen, abgesehen von einer detaillierten Kenntnis der Menge natürlicher Eigenschaften, die durch Annäherung erreicht werden) ist ein Moment lediglich eine Klasse von Mengen von Dauern, deren Ausdehnungsbeziehungen zueinander bestimmte Eigenheiten aufweisen. Wir können diese Verbindungen der einzelnen Dauern als die "extrinsischen" Eigenschaften eines Moments bezeichnen; die "intrinsischen" Eigenschaften des Moments sind die Eigenschaften der Natur, die wir als Grenze erreichen, wenn wir entlang einer ihrer abstrakten Mengen vorgehen. Dies sind die Eigenschaften der Natur "in diesem Moment" oder "in diesem Augenblick".

Die Dauern, die in die Zusammensetzung eines Moments eingehen, gehören alle zu einer Familie. Es gibt also eine Familie von Momenten, die einer Familie von Zeitdauern entspricht. Auch wenn wir zwei Momente der gleichen Familie nehmen, sind unter den Dauern, die in die Zusammensetzung des einen Moments eingehen, die kleineren Dauern völlig getrennt von den kleineren Dauern, die in die Zusammensetzung des anderen Moments eingehen. Somit müssen die beiden Momente in ihren inneren Eigenschaften die Grenzen völlig verschiedener Naturzustände aufweisen. In diesem Sinne sind die beiden Momente vollständig voneinander getrennt. Ich werde zwei Momente derselben Familie "parallel" nennen.

Jeder Dauer entsprechen zwei Momente der zugehörigen Familie von Momenten, die die Randmomente dieser Dauer sind. Ein "Randmoment" einer Dauer kann auf diese Weise definiert werden. Es gibt Dauern der gleichen Familie wie die gegebene Dauer, die sie überlappen, aber nicht in ihr enthalten sind. Betrachten wir eine abstrakte Menge solcher Dauern. Eine solche Menge definiert ein Moment, das ebenso außerhalb wie innerhalb der Dauer liegt. Ein solches Moment ist ein Grenzmoment der Dauer. Auch wir berufen uns auf unsere Sinneswahrnehmung des Laufs der Natur, um uns mitzuteilen, dass es zwei solcher Grenzmomente gibt, nämlich den früheren und den späteren. Wir werden sie die anfängliche und die endgültige Grenze nennen.

Es gibt auch Momente der gleichen Familie, bei denen die kürzeren Dauern in ihrer Zusammensetzung vollständig von der gegebenen Dauer getrennt sind. Solche Momente werden als "außerhalb" der gegebenen Dauer liegend bezeichnet. Wiederum andere Momente der Familie sind so beschaffen, dass die kürzeren Dauern in ihrer Zusammensetzung Teile der gegebenen Dauer sind. Solche Momente werden als "innerhalb" der gegebenen Dauer liegend oder als in ihr "enthalten" bezeichnet. Die gesamte Familie der parallelen Momente wird auf diese Weise durch Bezugnahme auf eine beliebige gegebene Dauer der zugehörigen Familie von Dauern erklärt. Es gibt nämlich Momente der Familie, die ohne die gegebene Dauer liegen, es gibt die beiden Momente, die die Grenzmomente der gegebenen Dauer sind, und die Momente, die innerhalb der gegebenen Dauer liegen. Außerdem sind zwei beliebige Momente derselben Familie die Randmomente einer bestimmten Dauer der zugehörigen Familie der Dauern.

Es ist nun möglich, die serielle Beziehung der zeitlichen Ordnung zwischen den Momenten einer Familie zu definieren. Seien A und C zwei beliebige Momente der Familie, so sind diese Momente die Grenzmomente einer Dauer d der zugehörigen Familie, und jeder Moment B, der innerhalb der Dauer d liegt, liegt zwischen den Momenten A und C. Damit ist die dreifache Beziehung des "Dazwischenliegens" zwischen den drei Momenten A, B und C vollständig definiert. Auch unser Wissen über den Verlauf der Natur versichert uns, dass diese Beziehung die Momente der Familie in eine serielle Reihenfolge bringt. Ich verzichte darauf, die konkreten Eigenschaften aufzuzählen, die dieses Ergebnis sichern; ich habe sie in meinem kürzlich erschienenen Buch [6] aufgezählt, auf das ich bereits hingewiesen habe. Darüber hinaus ermöglicht uns der Lauf der Natur zu wissen, dass eine Richtung entlang der Reihe dem Übergang in die Zukunft und die andere Richtung dem Rückschritt in die Vergangenheit entspricht.

[6] Vgl. Enquiry

Eine solche geordnete Reihe von Momenten ist das, was wir unter einer als Reihe definierten Zeit verstehen. Jedes Element der Reihe stellt einen augenblicklichen Zustand der Natur dar. Offensichtlich ist diese serielle Zeit das Ergebnis eines intellektuellen Prozesses der Abstraktion. Was ich getan habe, ist, das Verfahren, durch das die Abstraktion bewirkt wird, genau zu definieren. Dieses Verfahren ist lediglich ein Sonderfall der allgemeinen Methode, die ich in meinem Buch die "Methode der extensiven Abstraktion" nenne. Diese serielle Zeit ist offensichtlich nicht der eigentliche Ablauf der Natur selbst. Sie weist einige der natürlichen Eigenschaften auf, die sich aus ihr ergeben. Der Zustand der Natur "in einem Augenblick" hat offensichtlich diese letzte Eigenschaft des Vergehens verloren. Auch die zeitliche Reihe von Momenten behält sie nur als eine äußere Beziehung von Entitäten und nicht als das Ergebnis des wesentlichen Wesens der Begriffe der Reihe.

Über die Messung der Zeit ist noch nichts gesagt worden. Eine solche Messung ergibt sich nicht aus der bloßen seriellen Eigenschaft der Zeit; sie erfordert eine Theorie der Kongruenz, die in einem späteren Vortrag behandelt wird.

Bei der Beurteilung der Angemessenheit dieser Definition der zeitlichen Abfolge als Formulierung der Erfahrung ist es notwendig, zwischen der groben Überlieferung der Sinneswahrnehmung und unseren intellektuellen Theorien zu unterscheiden. Der Ablauf der Zeit ist eine messbare serielle Größe. Die gesamte wissenschaftliche Theorie hängt von dieser Annahme ab, und jede Theorie der Zeit, die eine solche messbare Reihe nicht liefert, ist selbst verurteilt, da sie nicht in der Lage ist, die wichtigste Tatsache der Erfahrung zu erklären. Unsere Schwierigkeiten beginnen erst, wenn wir fragen, was gemessen wird. Es ist offensichtlich etwas so Grundlegendes in der Erfahrung, dass wir kaum von ihr zurücktreten und sie auseinanderhalten können, um sie in ihren eigenen Proportionen zu betrachten.

Wir müssen uns zunächst entscheiden, ob die Zeit in der Natur oder die Natur in der Zeit zu finden ist. Die Schwierigkeit der letzteren Alternative - nämlich die Zeit vor die Natur zu stellen - besteht darin, dass die Zeit dann zu einem metaphysischen Rätsel wird. Welche Art von Entitäten sind ihre Augenblicke oder ihre Perioden? Die Trennung der Zeit von den Ereignissen offenbart unserer unmittelbaren Prüfung, dass der Versuch, die Zeit als einen unabhängigen Terminus für das Wissen einzurichten, dem Versuch gleicht, Substanz in einem Schatten zu finden. Es gibt Zeit, weil es Ereignisse gibt, und außer den Ereignissen gibt es nichts.

Es ist jedoch notwendig, eine Unterscheidung zu treffen. In gewissem Sinne reicht die Zeit über die Natur hinaus. Es ist nicht wahr, dass ein zeitloses Sinnesbewusstsein und ein zeitloser Gedanke sich verbinden, um eine zeitliche Natur zu betrachten. Sinneswahrnehmung und Denken sind selbst Prozesse und ihre Endpunkte in der Natur. Mit anderen Worten: Es gibt einen Durchgang des Sinnesbewusstseins und einen Durchgang des Denkens. So reicht die Herrschaft der Qualität des Durchgangs über die Natur hinaus. Nun stellt sich aber die Frage nach der Unterscheidung zwischen dem Durchgang, der grundlegend ist, und der zeitlichen Reihe, die eine logische Abstraktion ist, die einige der Eigenschaften der Natur darstellt. Eine Zeitreihe, wie wir sie definiert haben, repräsentiert lediglich bestimmte Eigenschaften einer Familie von Zeitdauern - Eigenschaften, die die Zeitdauern zwar nur besitzen, weil sie am Charakter des Durchgangs teilhaben, aber andererseits Eigenschaften, die nur die Zeitdauern besitzen. Dementsprechend ist die Zeit im Sinne einer messbaren Zeitreihe nur eine Eigenschaft der Natur und erstreckt sich nicht auf die Prozesse des Denkens und der Sinneswahrnehmung, außer durch eine Korrelation dieser Prozesse mit den Zeitreihen, die in ihren Abläufen impliziert sind.

Bisher wurde der Übergang der Natur im Zusammenhang mit dem Übergang von Zeiträumen betrachtet, und in diesem Zusammenhang ist er in besonderer Weise mit zeitlichen Reihen verbunden. Wir müssen uns jedoch daran erinnern, dass der Charakter des Durchgangs in besonderer

Weise mit der Ausdehnung von Ereignissen verbunden ist, und dass aus dieser Ausdehnung ein räumlicher Übergang ebenso entsteht wie ein zeitlicher Übergang. Die Erörterung dieses Punktes ist einer späteren Vorlesung vorbehalten, aber es ist notwendig, sich jetzt daran zu erinnern, da wir fortfahren, die Anwendung des Konzepts des Übergangs über die Natur hinaus zu erörtern, da wir sonst eine zu enge Vorstellung vom Wesen des Übergangs haben werden.

Es ist notwendig, in diesem Zusammenhang auf das Thema der Sinneswahrnehmung einzugehen, als Beispiel dafür, wie die Zeit den Geist betrifft, obwohl die messbare Zeit nur ein Abstraktum der Natur ist und die Natur dem Geist verschlossen ist.

Betrachten wir die Sinneswahrnehmung - nicht ihren Endpunkt, der die Natur ist, sondern die Sinneswahrnehmung an sich als einen Vorgang des Geistes. Die Sinneswahrnehmung ist ein Verhältnis des Geistes zur Natur. Dementsprechend betrachten wir jetzt den Geist als ein Relatum in der Sinneswahrnehmung. Für den Geist gibt es die unmittelbare Sinneswahrnehmung und es gibt das Gedächtnis. Die Unterscheidung zwischen dem Gedächtnis und der gegenwärtigen Unmittelbarkeit hat eine doppelte Bedeutung. Einerseits offenbart sie, dass der Geist sich nicht unparteiisch all jener natürlichen Zeiträume bewusst ist, auf die er durch das Bewusstsein bezogen ist. Sein Bewusstsein hat Anteil am Lauf der Natur. Wir können uns ein Wesen vorstellen, dessen Bewußtsein, als sein Privatbesitz gedacht, keinen Übergang erleidet, obwohl der Endpunkt seines Bewußtseins unsere eigene vergängliche Natur ist. Es gibt keinen wesentlichen Grund, warum das Gedächtnis nicht zur Lebendigkeit der gegenwärtigen Tatsache erhoben werden sollte; und dann von der Seite des Geistes: Was ist der Unterschied zwischen der Gegenwart und der Vergangenheit? Doch mit dieser Hypothese können wir auch annehmen, dass die lebendige Erinnerung und die gegenwärtige Tatsache im Bewusstsein in ihrer zeitlichen Reihenfolge stehen. Dementsprechend müssen wir zugeben, dass, obwohl wir uns vorstellen können, dass der Verstand in der Operation des Sinnes- bewusstseins frei von jeglichem Charakter des Übergangs sein könnte, unsere Erfahrung des Sinnesbewusstseins unseren Verstand tatsächlich als an diesem Charakter teilhabend zeigt.

Andererseits ist die bloße Tatsache der Erinnerung eine Flucht vor der Vergänglichkeit. In der Erinnerung ist die Vergangenheit gegenwärtig. Sie ist nicht gegenwärtig, indem sie die zeitliche Abfolge der Natur überspringt, sondern sie ist als unmittelbare Tatsache für den Geist gegenwärtig. Dementsprechend ist das Gedächtnis eine Loslösung des Geistes vom bloßen Vergehen der Natur; denn was für die Natur vergangen ist, ist für den Geist nicht vergangen.

Außerdem ist die Unterscheidung zwischen der Erinnerung und der unmittelbaren Gegenwart nicht so klar, wie man gemeinhin annimmt. Es gibt eine intellektuelle Theorie der Zeit als eine sich bewegende Messerschneide, die eine gegenwärtige Tatsache ohne zeitliche Ausdehnung zeigt. Diese Theorie entspringt der Vorstellung von einer idealen Genauigkeit der Beobachtung. Astronomische Beobachtungen werden sukzessive verfeinert, um auf Zehntel-, Hundertstel- und Tausendstelsekunden genau zu sein. Aber die letzten Verfeinerungen werden durch ein System der Mittelwertbildung erreicht, und selbst dann haben wir eine Zeitspanne als Fehlermarge. Der Irrtum ist hier nur ein konventioneller Begriff, um die Tatsache auszudrücken, dass der Charakter der Erfahrung nicht mit dem Ideal des Denkens übereinstimmt. Ich habe bereits erklärt, wie der Begriff des Augenblicks die beobachtete Tatsache mit diesem Ideal in Einklang bringt: Es gibt nämlich eine begrenzte Einfachheit im quantitativen Ausdruck der Eigenschaften von Zeitdauern, die erreicht wird, wenn man irgendeine der abstrakten Mengen betrachtet, die im Augenblick enthalten sind. Mit anderen Worten: Mit dem extrinsischen Charakter des Moments als Aggregat von Dauern ist der intrinsische Charakter des Moments verbunden, der der begrenzende Ausdruck der natürlichen Eigenschaften ist.

Der Charakter eines Augenblicks und das Ideal der Exaktheit, das er verkörpert, schwächen also in keiner Weise die Position, dass der letzte Endpunkt des Bewusstseins eine Dauer mit zeitlicher Dicke ist. Diese unmittelbare Dauer ist für unser Empfinden nicht klar umrissen. Ihre frühere Grenze wird durch ein Verblassen in der Erinnerung verwischt, und ihre spätere Grenze wird durch ein Auftauchen aus der Erwartung verwischt. Es gibt weder eine scharfe Unterscheidung zwischen der Erinnerung und der gegenwärtigen Unmittelbarkeit noch zwischen der gegenwärtigen Unmittelbarkeit und der Antizipation. Die Gegenwart ist eine schwankende Breite der Grenze zwischen den beiden Extremen. So hat unsere eigene Sinneswahrnehmung mit ihrer ausgedehnten Gegenwart etwas von dem Charakter der Sinneswahrnehmung des imaginären Wesens, dessen Geist frei von Passagen war und das die ganze Natur als unmittelbare Tatsache betrachtete. Unsere eigene Gegenwart hat ihre Vorgeschichte und ihre Folgen, und für das imaginäre Wesen hat die ganze

Natur ihre Vorgeschichte und ihre Folgedauer. Der einzige Unterschied zwischen uns und dem imaginären Wesen besteht also darin, dass für ihn die gesamte Natur an der Unmittelbarkeit unserer gegenwärtigen Dauer teilhat.

Die Schlussfolgerung aus dieser Diskussion ist, dass es, soweit es die Sinneswahrnehmung betrifft, eine Passage des Geistes gibt, die sich von der Passage der Natur unterscheidet, obwohl sie eng mit ihr verbunden ist. Wir können, wenn wir wollen, darüber spekulieren, dass diese Verbindung zwischen dem Gang des Geistes und dem Gang der Natur daraus resultiert, dass sie beide den Charakter eines letzten Ganges teilen, der alles Sein beherrscht. Aber das ist eine Spekulation, mit der wir nichts zu tun haben. Die unmittelbare Schlussfolgerung, die für uns ausreicht, ist, dass - soweit es die Sinneswahrnehmung betrifft - der Geist nicht in demselben Sinne in der Zeit oder im Raum ist, in dem die Ereignisse der Natur in der Zeit sind, sondern dass er aufgrund der besonderen Verbindung seines Durchgangs mit dem Durchgang der Natur derivativ in der Zeit und im Raum ist. So ist der Geist in Zeit und Raum in einem ihm eigenen Sinn. Dies war eine lange Diskussion, um zu einer sehr einfachen und offensichtlichen Schlussfolgerung zu gelangen. Wir alle haben das Gefühl, dass unser Geist in gewissem Sinne hier in diesem Raum und zu dieser Zeit ist. Aber es ist nicht ganz derselbe Sinn, in dem die Naturereignisse, die die Existenzen unserer Gehirne sind, ihre räumliche und zeitliche Position haben. Die grundlegende Unterscheidung, an die wir uns erinnern müssen, ist, dass die Unmittelbarkeit des Sinnesbewusstseins nicht dasselbe ist wie die Unmittelbarkeit der Natur. Diese letzte Schlussfolgerung bezieht sich auf die nächste Diskussion, mit der ich diesen Vortrag abschließen möchte. Diese Frage lässt sich so formulieren: Lassen sich in der Natur alternative Zeitreihen finden?

Vor ein paar Jahren hätte man einen solchen Vorschlag noch als völlig unmöglich abgetan. Sie hätte nichts mit der damaligen Wissenschaft zu tun gehabt und war mit keiner Idee verwandt, die jemals in die Träume der Philosophie eingegangen wäre. Das achtzehnte und neunzehnte Jahrhundert akzeptierte als Naturphilosophie einen bestimmten Kreis von Konzepten, die ebenso starr und eindeutig waren wie die der Philosophie des Mittelalters, und die mit ebenso wenig kritischer Forschung akzeptiert wurden. Ich werde diese Naturphilosophie "Materialismus" nennen. Nicht nur die Männer der Wissenschaft waren Materialisten, sondern auch die Anhänger aller philosophischen Schulen. Die Idealisten unterschieden sich von den philosophischen Materialisten nur in der Frage der Ausrichtung der Natur in Bezug auf den Geist. Aber niemand zweifelte daran, dass die Naturphilosophie an sich betrachtet von der Art war, die ich Materialismus genannt habe. Es ist die Philosophie, die ich bereits in meinen beiden Vorlesungen dieses Kurses, die der vorliegenden vorausgingen, untersucht habe. Sie lässt sich zusammenfassen als der Glaube, dass die Natur ein Aggregat von Materie ist und dass diese Materie in gewissem Sinne *in* jedem aufeinanderfolgenden Glied einer eindimensionalen Reihe von dehnungslosen Zeitpunkten existiert. Darüber hinaus bildeten die gegenseitigen Beziehungen der materiellen Entitäten zu jedem Zeitpunkt diese Entitäten zu einer räumlichen Konfiguration in einem unbegrenzten Raum. Es scheint, dass der Raum nach dieser Theorie ebenso augenblicklich ist wie die Augenblicke und dass eine Erklärung der Beziehungen zwischen den aufeinanderfolgenden augenblicklichen Räumen erforderlich ist. Die materialistische Theorie schweigt jedoch zu diesem Punkt, und die Aufeinanderfolge der momentanen Räume wird stillschweigend zu einem einzigen dauerhaften Raum zusammengefasst. Diese Theorie ist eine rein intellektuelle Wiedergabe der Erfahrung, die das Glück hatte, in den Anfängen des wissenschaftlichen Denkens formuliert zu werden. Seit der Blütezeit der Wissenschaft in Alexandria hat sie die Sprache und die Vorstellungskraft der Wissenschaft beherrscht, so dass man heute kaum noch sprechen kann, ohne ihre unmittelbare Offensichtlichkeit anzunehmen.

Aber wenn man sie in den abstrakten Begriffen, die ich soeben genannt habe, klar formuliert, ist die Theorie alles andere als offensichtlich. Der vorübergehende Komplex von Faktoren, aus denen sich die Tatsache zusammensetzt, die die Endstation des Sinnesbewusstseins ist, stellt uns nichts vor Augen, was der Dreifaltigkeit dieses natürlichen Materialismus entspricht. Diese Dreifaltigkeit besteht (i) aus der zeitlichen Reihe dehnungsloser Augenblicke, (ii) aus dem Aggregat materieller Entitäten und (iii) aus dem Raum, der das Ergebnis der Beziehungen der Materie ist.

Zwischen diesen Voraussetzungen der intellektuellen Theorie des Materialismus und den unmittelbaren Leistungen des Sinnesbewusstseins klafft eine große Lücke. Ich stelle nicht in Frage, dass diese materialistische Dreifaltigkeit wichtige Charaktere der Natur verkörpert . Aber es ist notwendig, diese Charaktere in Begriffen der Erfahrungstatsachen auszudrücken. Genau das habe ich in diesem Vortrag versucht, soweit es die Zeit betrifft, und wir stoßen nun auf die Frage: Gibt es nur eine zeitliche Reihe? Die materialistische Naturphilosophie setzt die Einzigartigkeit der zeitlichen Reihe voraus. Aber diese Philosophie ist nur eine Theorie, wie die aristotelischen wissenschaftlichen Theorien, an die man im Mittelalter so fest glaubte. Wenn es mir in diesem Vortrag in irgendeiner Weise gelungen ist, hinter die Theorie zu den unmittelbaren Tatsachen zu gelangen, ist die Antwort nicht annähernd so sicher. Die Frage kann in diese alternative Form umgewandelt werden: Gibt es nur eine Familie von Zeitdauern? In dieser Frage wurde die Bedeutung einer "Familie von Zeitdauern" bereits früher in dieser Vorlesung definiert. Die Antwort ist nun gar nicht so offensichtlich. Nach der materialistischen Theorie ist die unmittelbare Gegenwart das einzige Feld für die schöpferische Tätigkeit der Natur. Die Vergangenheit ist vergangen und die Zukunft ist noch nicht da. So ist (nach dieser Theorie) die Unmittelbarkeit der Wahrnehmung die einer augenblicklichen Gegenwart, und diese einzigartige Gegenwart ist das Ergebnis der Vergangenheit und das Versprechen der Zukunft. Aber wir leugnen diese unmittelbar gegebene augenblickliche Gegenwart. In der Natur ist so etwas nicht zu finden. Als ultimative Tatsache ist sie eine Nichtexistenz. Was für die Sinneswahrnehmung unmittelbar ist, ist eine Dauer. Nun hat eine Dauer in sich eine Vergangenheit und eine Zukunft; und die zeitliche Weite der unmittelbaren Dauern des Sinnesbewusstseins ist sehr unbestimmt und vom einzelnen Wahrnehmenden abhängig. Dementsprechend gibt es keinen einzigen Faktor in der Natur, der für jeden Wahrnehmenden vorzüglich und notwendigerweise die Gegenwart ist. Der Lauf der Natur lässt nichts zwischen der Vergangenheit und der Zukunft liegen. Was wir als Gegenwart wahrnehmen, ist der lebendige Rand der Erinnerung, der von der Erwartung geprägt ist. Diese Lebendigkeit erhellt das unterschiedene Feld innerhalb einer Dauer. Aber es kann damit keine Sicherheit gegeben werden, dass die Ereignisse der Natur nicht in andere Zeiträume alternativer Familien eingeordnet werden können. Wir können nicht einmal wissen, dass die Reihe der unmittelbaren Dauern, die das Sinnesbewusstsein eines einzelnen Geistes aufstellt, alle notwendigerweise zu derselben Familie von Dauern gehören. Es gibt nicht den geringsten Grund zu glauben, dass dies so ist. Wenn meine Theorie der Natur richtig ist, wird das nicht der Fall sein.

Die materialistische Theorie hat die ganze Vollständigkeit des mittelalterlichen Denkens, das auf alles eine vollständige Antwort hatte, sei es im Himmel, in der Hölle oder in der Natur. Sie hat etwas Tristes an sich, mit ihrer augenblicklichen Gegenwart, ihrer verschwundenen Vergangenheit, ihrer nicht existierenden Zukunft und ihrer trägen Materie.

Diese Ordentlichkeit ist sehr mittelalterlich und stimmt nicht mit den Tatsachen überein.

Die Theorie, die ich vertrete, lässt ein größeres letztes Geheimnis und eine tiefere Unwissenheit zu. Die Vergangenheit und die Zukunft treffen und vermischen sich in der unbestimmten Gegenwart. Der Gang der Natur, der nur ein anderer Name für die schöpferische Kraft des Daseins ist, hat keinen schmalen Grat einer definierten augenblicklichen Gegenwart, innerhalb dessen er wirken kann. Ihre wirksame Gegenwart, die die Natur jetzt vorantreibt, muss im Ganzen gesucht werden, in der fernsten Vergangenheit ebenso wie in der engsten Breite jeder gegenwärtigen Dauer. Vielleicht auch in der nicht realisierten Zukunft. Vielleicht auch in der Zukunft, die sein könnte, wie auch in der tatsächlichen Zukunft, die sein wird. Es ist unmöglich, über die Zeit und das Geheimnis des schöpferischen Laufs der Natur zu meditieren, ohne ein überwältigendes Gefühl angesichts der Begrenztheit der menschlichen Intelligenz zu entwickeln.

KAPITEL IV
DIE METHODE DER EXTENSIVEN ABSTRAKTION

Die heutige Vorlesung muss mit der Betrachtung von begrenzten Ereignissen beginnen. Wir werden dann in der Lage sein, eine Untersuchung der Faktoren in der Natur zu beginnen, die durch unsere Vorstellung von Raum repräsentiert werden.

Die Dauer, die die unmittelbare Offenbarung unseres Sinnesbewusstseins ist, wird in Teile unterschieden. Es gibt den Teil, der das Leben der gesamten Natur innerhalb eines Raumes ist, und es gibt den Teil, der das Leben der gesamten Natur innerhalb eines Tisches in dem Raum ist. Diese Teile sind begrenzte Ereignisse. Sie haben die Dauer der gegenwärtigen Dauer, und sie sind Teile von ihr. Aber während eine Dauer ein unbegrenztes Ganzes ist und in einem bestimmten begrenzten Sinne alles ist, was es gibt, besitzt ein begrenztes Ereignis eine vollständig definierte Begrenzung der Ausdehnung, die für uns in raum-zeitlichen Begriffen ausgedrückt wird.

Wir sind daran gewöhnt, ein Ereignis mit einer bestimmten melodramatischen Qualität zu assoziieren. Wenn ein Mensch überfahren wird, ist das ein Ereignis, das sich innerhalb bestimmter räumlicher und zeitlicher Grenzen abspielt. Wir sind nicht daran gewöhnt, das Fortbestehen der Großen Pyramide an einem bestimmten Tag als Ereignis zu betrachten. Aber das Naturereignis, das die Große Pyramide während eines Tages ist, und damit die gesamte Natur in ihr, ist ein Ereignis gleichen Charakters wie der Unfall des Mannes, und damit die gesamte Natur mit raum-zeitlichen Grenzen, die den Mann und den Motor während der Zeit, in der sie in Kontakt waren, einschließen.

Wir sind daran gewöhnt, diese Ereignisse in drei Faktoren zu zerlegen: Zeit, Raum und Material. In der Tat wenden wir auf sie sofort die Konzepte der materialistischen Naturtheorie an. Ich bestreite nicht, dass diese Analyse nützlich ist, um wichtige Naturgesetze zu formulieren. Was ich bestreite, ist, dass jeder dieser Faktoren für uns in der Sinneswahrnehmung in konkreter Unabhängigkeit vorhanden ist. Wir nehmen einen einheitlichen Faktor in der Natur wahr; und dieser Faktor ist, dass dort etwas vor sich geht. Zum Beispiel nehmen wir das Geschehen an der Großen Pyramide in seiner Beziehung zum Geschehen in der Umgebung

Ägyptens wahr. Wir sind sowohl durch die Sprache als auch durch die formale Lehre und die daraus resultierende Bequemlichkeit so darauf trainiert, unsere Gedanken in Begriffen dieser materialistischen Analyse auszudrücken, dass wir intellektuell dazu neigen, die wahre Einheit des Faktors zu ignorieren, der sich wirklich in der Sinneswahrnehmung zeigt. Es ist dieser Einheitsfaktor, der in sich selbst den Übergang der Natur bewahrt, der das primäre konkrete Element ist, das in der Natur unterschieden wird. Diese primären Faktoren sind das, was ich mit Ereignissen meine.

Ereignisse sind das Feld einer Beziehung mit zwei Begriffen, nämlich der Ausdehnungsbeziehung, die in der letzten Vorlesung betrachtet wurde. Ereignisse sind die Dinge, die durch die Erstreckungsrelation miteinander verbunden sind. Wenn ein Ereignis A sich über ein Ereignis B erstreckt, dann ist B "Teil" von A, und A ist ein "Ganzes", von dem B ein Teil ist. Die Begriffe "Ganzes" und "Teil" werden in diesen Vorlesungen stets in diesem eindeutigen Sinne verwendet. Daraus folgt, dass in Bezug auf diese Beziehung zwei Ereignisse A und B *eine* von vier Beziehungen zueinander haben können, nämlich (i) A kann sich über B erstrecken, oder (ii) B kann sich über A erstrecken, oder (iii) A und B können sich beide über ein drittes Ereignis C erstrecken, aber keines über das andere, oder (iv) A und B können völlig getrennt sein. Diese Alternativen können offensichtlich durch Euler-Diagramme veranschaulicht werden, wie sie in logischen Lehrbüchern erscheinen.

Die Kontinuität der Natur ist die Kontinuität der Ereignisse. Diese Kontinuität ist lediglich der Name für die Gesamtheit einer Vielzahl von Eigenschaften der Ereignisse in Verbindung mit der Beziehung der Ausdehnung.

Erstens ist diese Beziehung transitiv; zweitens enthält jedes Ereignis andere Ereignisse als Teile von sich selbst; drittens ist jedes Ereignis ein Teil von anderen Ereignissen; viertens gibt es bei zwei beliebigen endlichen Ereignissen Ereignisse, von denen jedes beide als Teile enthält; und fünftens gibt es eine besondere Beziehung zwischen Ereignissen, die ich "Kreuzung" nenne.

Zwei Ereignisse haben eine Kreuzung, wenn es ein drittes Ereignis gibt, von dem beide Ereignisse Teile sind und das so beschaffen ist, dass kein Teil davon von den beiden gegebenen Ereignissen getrennt ist. Zwei Ereignisse mit Kreuzung bilden also genau ein Ereignis, das gewissermaßen ihre Summe ist.

Nur bestimmte Ereignispaare haben diese Eigenschaft. Im Allgemeinen enthält jedes Ereignis, das zwei Ereignisse enthält, auch Teile, die von beiden Ereignissen getrennt sind.

Es gibt eine alternative Definition der Kreuzung zweier Ereignisse, die ich in meinem kürzlich erschienenen Buch [7] übernommen habe. Zwei Ereignisse haben eine Kreuzung, wenn es ein drittes Ereignis gibt, das (i) die beiden Ereignisse überlappt und (ii) keinen Teil hat, der von den beiden gegebenen Ereignissen getrennt ist. Wenn eine dieser alternativen Definitionen als Definition der Kreuzung angenommen wird, erscheint die andere Definition als ein Axiom, das den Charakter der Kreuzung, wie wir ihn in der Natur kennen, respektiert. Es handelt sich jedoch nicht um eine logische Definition, sondern um die Formulierung der Ergebnisse einer direkten Beobachtung. Es gibt eine gewisse Kontinuität , die der beobachteten Einheit eines Ereignisses innewohnt, und diese beiden Definitionen der Verbindung sind in Wirklichkeit Axiome, die auf der Beobachtung beruhen und den Charakter dieser Kontinuität respektieren.

[7] Vgl. Enquiry.

Die Beziehungen von Ganzem und Teil und von Überschneidungen sind besondere Fälle der Verknüpfung von Ereignissen. Es ist aber auch möglich, dass Ereignisse aneinanderstoßen, wenn sie voneinander getrennt sind; zum Beispiel sind der obere und der untere Teil der großen Pyramide durch eine imaginäre horizontale Ebene getrennt.

Die Kontinuität, die die Natur aus den Ereignissen ableitet, ist durch die Illustrationen, die ich geben musste, verdeckt worden. Ich habe zum Beispiel die Existenz der großen Pyramide als eine ziemlich bekannte Tatsache genommen, auf die ich mich sicher als Illustration berufen konnte. Es handelt sich dabei um ein Ereignis, das sich uns als Situation eines erkennbaren Objekts zeigt; und in dem gewählten Beispiel ist das Objekt so weit bekannt, dass es einen Namen erhalten hat. Ein Objekt ist eine Entität anderer Art als ein Ereignis. Zum Beispiel ist das Ereignis, das das Leben der Natur in der großen Pyramide gestern und heute ist, in zwei Teile teilbar, nämlich die große Pyramide gestern und die große Pyramide heute. Aber der erkennbare Gegenstand, der auch Große Pyramide genannt wird, ist heute derselbe Gegenstand wie gestern. Auf die Theorie der Objekte werde ich in einer anderen Vorlesung eingehen müssen.

Das ganze Thema erhält einen unverdienten Hauch von Subtilität durch die Tatsache, dass wir, wenn das Ereignis die Situation eines gut markierten Objekts ist, keine Sprache haben, um das Ereignis vom Objekt zu unterscheiden. Im Fall der großen Pyramide ist das Objekt die wahrgenommene Einheit, die als wahrgenommene Einheit durch über die Jahrhunderte hinweg identisch bleibt, während der ganze Tanz der Moleküle und das sich verändernde Spiel des elektromagnetischen Feldes Bestandteile des Ereignisses sind. Ein Objekt ist in gewissem Sinne außerhalb der Zeit. Es befindet sich nur deshalb in der Zeit, weil es eine Beziehung zu den Ereignissen hat, die ich "Situation" nenne. Diese Beziehung der Situation wird in einer späteren Vorlesung erörtert werden müssen.

Der Punkt, den ich jetzt ansprechen möchte, ist, dass es keine inhärente Notwendigkeit für ein Ereignis ist, sich in der Situation eines gut markierten Objekts zu befinden. Wo immer und wann immer etwas geschieht, gibt es ein Ereignis. Außerdem setzen "wo und wann" an sich ein Ereignis voraus, denn Raum und Zeit sind an sich Abstraktionen von Ereignissen. Es ist daher eine Konsequenz dieser Lehre, dass immer und überall etwas vor sich geht, auch im sogenannten leeren Raum. Diese Schlussfolgerung steht im Einklang mit der modernen physikalischen Wissenschaft, die das Spiel eines elektromagnetischen Feldes in Raum und Zeit voraussetzt. Diese Lehre der Wissenschaft wurde in die materialistische Form eines alles durchdringenden Äthers gebracht. Doch der Äther ist offensichtlich ein bloßer Leerlauf - in der Sprache, die Bacon auf die Lehre von den letzten Ursachen anwandte, ist er eine unfruchtbare Jungfrau. Aus ihm wird nichts abgeleitet, und der Äther dient lediglich dazu, die Forderungen der materialistischen Theorie zu erfüllen. Der wichtige Begriff ist der der sich verschiebenden Tatsachen der Kraftfelder. Dies ist der Begriff eines Äthers der Ereignisse, der an die Stelle des materiellen Äthers treten sollte.

Es bedarf keiner Illustration, um Ihnen zu versichern, dass ein Ereignis eine komplexe Tatsache ist und die Beziehungen zwischen zwei Ereignissen ein fast undurchdringliches Labyrinth bilden. Der vom gesunden Menschenverstand entdeckte und von der Wissenschaft systematisch genutzte Anhaltspunkt ist das, was ich an anderer Stelle [8] das Gesetz der Konvergenz zur Einfachheit durch Verringerung des Umfangs genannt habe.

[8] Vgl. *Organisation des Denkens*, S. 146 ff. Williams und Norgate, 1917.

Wenn A und B zwei Ereignisse sind und A' ein Teil von A und B' ein Teil von B *ist*, dann werden die Beziehungen zwischen den Teilen A' und B' in vielerlei Hinsicht einfacher sein als die Beziehungen zwischen A und B. Dies ist das Prinzip, das allen Versuchen einer genauen Beobachtung zugrunde liegt.

Das erste Ergebnis der systematischen Anwendung dieses Gesetzes war die Formulierung der abstrakten Konzepte von Zeit und Raum. In der vorangegangenen Vorlesung habe ich skizziert, wie das Prinzip angewendet wurde, um die Zeitreihen zu erhalten. Ich gehe nun darauf ein, wie die räumlichen Einheiten mit der gleichen Methode gewonnen werden. Das systematische Verfahren ist in beiden Fällen prinzipiell identisch, und ich habe die allgemeine Art des Verfahrens die "Methode der extensiven Abstraktion" genannt.

Sie werden sich erinnern, dass ich in meiner letzten Vorlesung das Konzept einer abstrakten Menge von Zeiträumen definiert habe. Diese Definition lässt sich auf beliebige Ereignisse, auf begrenzte Ereignisse und auf Zeitdauern ausdehnen. Die einzige Änderung, die erforderlich ist, besteht darin, das Wort "Ereignis" durch das Wort "Dauer" zu ersetzen. Eine abstrakte Menge von Ereignissen ist demnach eine beliebige Menge von Ereignissen, die die beiden Eigenschaften besitzt, dass (i) von zwei beliebigen Mitgliedern der Menge eines das andere als Teil enthält und (ii) es kein Ereignis gibt, das ein gemeinsamer Teil jedes Mitglieds der Menge ist. Eine solche Menge hat, wie Sie sich erinnern werden, die Eigenschaften des chinesischen Spielzeugs, das ein Nest von Schachteln ist, eine in der anderen, mit dem Unterschied, dass das Spielzeug eine kleinste Schachtel hat, während die abstrakte Klasse weder ein kleinstes Ereignis hat noch zu einem begrenzenden Ereignis konvergiert, das kein Mitglied der Menge ist.

Was die abstrakten Mengen von Ereignissen betrifft, so konvergiert eine abstrakte Menge zu nichts. Es gibt die Menge mit ihren Gliedern, die unendlich kleiner und kleiner werden, wenn wir gedanklich auf das kleinere Ende der Reihe zugehen; aber es gibt kein absolutes Minimum, das schließlich erreicht wird. In der Tat ist die Menge nur sich selbst und weist auf nichts anderes in Form von Ereignissen hin, außer auf sich selbst. Aber jedes Ereignis hat einen intrinsischen Charakter in der Weise, dass es eine Situation von Objekten ist und dass es Teile hat, die Situationen von Objekten sind, und - um die Sache allgemeiner zu formulieren - in der Weise, dass es ein Bereich des Lebens der Natur ist. Dieser Charakter kann durch quantitative Ausdrücke definiert werden, die Beziehungen zwischen verschiedenen, dem Ereignis innewohnenden Größen oder zwischen

72

solchen Größen und anderen, anderen Ereignissen innewohnenden Größen ausdrücken. Bei Ereignissen von beträchtlicher raum-zeitlicher Ausdehnung ist diese Menge quantitativer Ausdrücke von verwirrender Komplexität. Wenn e ein Ereignis ist, bezeichnen wir mit $q(e)$ die Menge der quantitativen Ausdrücke, die seinen Charakter einschließlich seiner Beziehungen zur übrigen Natur definieren. Sei e_1, e_2, e_3, usw. eine abstrakte Menge, deren Glieder so angeordnet sind, dass jedes Glied wie e_n sich über alle nachfolgenden Glieder wie e_{n+1}, e_{n+2} usw. erstreckt. Dann ist entsprechend der Reihe

$$e_1,\ e_2,\ e_3,\ \ldots,\ e_n,\ e_{n+1},\ \ldots,$$

Es gibt die Serie

$$q(e_1),\ q(e_2),\ q(e_3),\ \ldots,\ q(e_n),\ q(e_{n+1}),\ \ldots.$$

Nennen Sie die Reihe der Ereignisse s und die Reihe der quantitativen Ausdrücke $q(s)$. Die Reihe s hat keinen letzten Term und keine Ereignisse, die in jedem Glied der Reihe enthalten sind. Dementsprechend konvergiert die Reihe der Ereignisse zu nichts. Sie ist nur sich selbst. Auch die Reihe $q(s)$ hat keinen letzten Term. Aber die Mengen homologer Größen, die durch die verschiedenen Terme der Reihe laufen, konvergieren zu bestimmten Grenzen. Wenn zum Beispiel Q_1 ein quantitatives Maß ist, das in $q(e_1)$ zu finden ist, und Q_2 das Homologe zu Q_1, das in $q(e_2)$ zu finden ist, und Q_3 das Homologe zu Q_1 und Q_2, das in $q(e_3)$ zu finden ist, und so weiter, dann ist die Reihe

$$Q_1,\ Q_2,\ Q_3,\ \ldots,\ Q_n,\ Q_{n+1},\ \ldots,$$

hat zwar keinen letzten Term, konvergiert aber im Allgemeinen zu einem bestimmten Grenzwert. Dementsprechend gibt es eine Klasse von Grenzwerten $l(s)$, die die Klasse der Grenzwerte derjenigen Glieder von $q(e_n)$ ist, die Homologe in der gesamten Reihe $q(s)$ haben, wenn n auf unbestimmte Weise wächst. Wir können diese Aussage diagrammatisch darstellen, indem wir einen Pfeil ($\rightarrow$) verwenden, der "konvergiert zu" bedeutet. Dann

$$e_1,\ e_2,\ e_3,\ \ldots,\ e_n,\ e_{n+1},\ \ldots\ \rightarrow \text{nichts,}$$

und

$$q(e_1),\ q(e_2),\ q(e_3),\ \ldots,\ q(e_n),\ q(e_{n+1}),\ \ldots\ \rightarrow l(s).$$

Die gegenseitigen Beziehungen zwischen den Grenzen in der Menge $l(s)$ und auch zwischen diesen Grenzen und den Grenzen in anderen Mengen $l(s')$, $l(s'')$, ..., die sich aus anderen abstrakten Mengen s', s'', usw. ergeben, haben eine eigentümliche Einfachheit.

Die Menge s zeigt also eine ideale Einfachheit der natürlichen Beziehungen an, obwohl diese Einfachheit nicht der Charakter irgendeines tatsächlichen Ereignisses in s ist. Wir können eine Annäherung an eine solche Einfachheit vornehmen, die, numerisch geschätzt, so nahe ist, wie wir wollen, indem wir ein Ereignis betrachten, das weit genug unten in der Reihe zum kleinen Ende hin liegt. Es sei darauf hingewiesen, dass es die unendliche Reihe ist, , die sich in unendlicher Folge zum kleinen Ende hin erstreckt, die von Bedeutung ist. Das beliebig große Ereignis, mit dem die Reihe beginnt, hat überhaupt keine Bedeutung. Wir können jede beliebige Menge von Ereignissen am großen Ende einer abstrakten Menge beliebig ausschließen, ohne dass die so veränderte Menge irgendeine wichtige Eigenschaft verliert.

Ich nenne den begrenzenden Charakter der natürlichen Beziehungen, den eine abstrakte Menge angibt, den "inneren Charakter" der Menge; auch die Eigenschaften, die mit der Beziehung von Ganzem und Teil in Bezug auf ihre Glieder verbunden sind, durch die eine abstrakte Menge definiert wird, bilden zusammen das, was ich ihren "äußeren Charakter" nenne. Die Tatsache, dass der extrinsische Charakter einer abstrakten Menge einen bestimmten intrinsischen Charakter bestimmt, ist der Grund für die Bedeutung der präzisen Begriffe von Raum und Zeit. Dieses Entstehen eines bestimmten inneren Charakters aus einer abstrakten Menge ist die genaue Bedeutung des Konvergenzgesetzes.

Wir sehen zum Beispiel einen Zug, der sich in einer Minute nähert. Das Ereignis, das das Leben der Natur in diesem Zug während der Minute ist, ist von großer Komplexität und der Ausdruck seiner Beziehungen und der Bestandteile seines Charakters verblüfft uns. Nimmt man eine Sekunde dieser Minute, so ist das so erhaltene, begrenztere Ereignis in seinen Bestandteilen einfacher, und immer kürzere Zeiten wie ein Zehntel dieser Sekunde oder ein Hundertstel oder ein Tausendstel - solange wir eine bestimmte Regel haben, die eine bestimmte Abfolge von abnehmenden Ereignissen gibt - ergeben Ereignisse, deren Bestandteilscharaktere zur idealen Einfachheit des Charakters des Zuges in einem bestimmten Augenblick konvergieren. Außerdem gibt es verschiedene Arten einer solchen Konvergenz zur Einfachheit. Wir können zum Beispiel wie oben zu dem begrenzenden Zeichen konvergieren, das die Natur zu einem Zeitpunkt innerhalb des gesamten Volumens des Zuges zu diesem Zeitpunkt ausdrückt, oder zu der Natur zu einem Zeitpunkt innerhalb eines Teils dieses Volumens - zum Beispiel innerhalb des Kessels der Lokomotive - oder zu der Natur zu einem Zeitpunkt auf einer bestimmten Fläche oder zu der Natur zu einem Zeitpunkt auf einer bestimmten Linie innerhalb des Zuges oder zu der Natur zu einem Zeitpunkt an einem bestimmten Punkt des Zuges. Im letzten Fall werden die einfachen Grenzwerte als Dichten, spezifische Gewichte und Materialtypen ausgedrückt. Außerdem müssen wir nicht notwendigerweise zu einer Abstraktion konvergieren, die die Natur zu einem bestimmten Zeitpunkt einbezieht. Wir können uns den physikalischen Bestandteilen einer bestimmten Punktspur über die gesamte Minute hinweg annähern. Dementsprechend gibt es verschiedene Arten von extrinsischem Charakter der Konvergenz, die zur Annäherung an verschiedene Arten von intrinsischem Charakter als Grenzen führen.

Wir gehen nun zur Untersuchung der möglichen Verbindungen zwischen abstrakten Mengen über. Eine Menge kann eine andere "überdecken". Ich definiere "Überdeckung" wie folgt: Eine abstrakte Menge p bedeckt eine abstrakte Menge q, wenn jedes Glied von p als Teil einige Glieder von q enthält. Es ist offensichtlich, dass, wenn ein beliebiges Ereignis e als Teil ein Glied der Menge q enthält, dann ist aufgrund der transitiven Eigenschaft der Ausdehnung jedes nachfolgende Glied des kleinen Endes von q Teil von e. In einem solchen Fall werde ich sagen, dass die abstrakte Menge q dem Ereignis e "innewohnt".

Zwei abstrakte Mengen können sich gegenseitig abdecken. Wenn dies der Fall ist, nenne ich die beiden Mengen "gleich an Abstraktionskraft". Wenn die Gefahr eines Missverständnisses nicht besteht, werde ich diesen Ausdruck abkürzen, indem ich einfach sage, dass die beiden abstrakten Mengen "gleich" sind. Die Möglichkeit dieser Gleichheit der abstrakten Mengen ergibt sich aus der Tatsache, dass beide Mengen, p und q, unendliche Reihen in Richtung ihrer kleinen Enden sind. Die Gleichheit bedeutet also, dass wir bei einem beliebigen Ereignis x, das zu p gehört, immer ein Ereignis y *finden* können, das zu x *gehört*, wenn wir weit genug in Richtung des kleinen Endes von q fortschreiten, und dass wir dann, wenn wir weit genug in Richtung des kleinen Endes von p fortschreiten, ein Ereignis z finden können, das zu y *gehört*, und so weiter auf unbestimmte Zeit.

Die Bedeutung der Gleichheit der abstrakten Mengen ergibt sich aus der Annahme, dass die inneren Merkmale der beiden Mengen identisch sind. Wäre dies nicht der Fall, wäre die exakte Beobachtung am Ende.

Es ist offensichtlich, dass zwei abstrakte Mengen, die gleich einer dritten abstrakten Menge sind, einander gleich sind. Ein "abstraktes Element" ist die Gesamtheit der abstrakten Mengen, die mit einer beliebigen Menge gleich sind. Somit sind alle abstrakten Mengen, die zum selben Element gehören, gleich und konvergieren auf denselben inneren Charakter. Ein abstraktes Element ist also die Gruppe der Annäherungswege an einen bestimmten inneren Charakter der idealen Einfachheit, der als Grenze unter den natürlichen Tatsachen zu finden ist.

Wenn eine abstrakte Menge p eine abstrakte Menge q bedeckt, dann bedeckt jede abstrakte Menge, die zu dem abstrakten Element gehört, von dem p ein Mitglied ist, jede abstrakte Menge, die zu dem Element gehört, von dem q ein Mitglied ist. Daher ist es nützlich, die Bedeutung des Begriffs "Überdeckung" zu dehnen und davon zu sprechen, dass ein abstraktes Element ein anderes abstraktes Element "überdeckt". Wenn wir versuchen, den Begriff "gleich" im Sinne von "gleich an abstrakter Kraft" zu dehnen, ist es offensichtlich, dass ein abstraktes Element nur mit sich selbst gleich sein kann. Ein abstraktes Element hat also eine einzigartige abstrakte Kraft und ist das Konstrukt aus Ereignissen, das einen bestimmten inneren Charakter repräsentiert, der als Grenze durch die Anwendung des Prinzips der Konvergenz zur Einfachheit durch Verkleinerung des Umfangs erreicht wird.

Wenn ein abstraktes Element A ein abstraktes Element B umfasst, schließt der innere Charakter von A in gewissem Sinne den inneren Charakter von B ein. Daraus ergibt sich, dass Aussagen über den inneren Charakter von B in gewissem Sinne Aussagen über den inneren Charakter von A sind; aber der innere Charakter von A ist komplexer als der von B.

Die abstrakten Elemente bilden die Grundelemente von Raum und Zeit, und wir wenden uns nun der Betrachtung der Eigenschaften zu, die bei der Bildung spezieller Klassen solcher Elemente eine Rolle spielen. In meiner letzten Vorlesung habe ich bereits eine Klasse von abstrakten Elementen untersucht, nämlich die Momente. Jedes Moment ist eine Gruppe von abstrakten Mengen, und die Ereignisse, die zu diesen Mengen gehören, sind alle Mitglieder einer Familie von Zeitdauern. Die Momente einer Familie bilden eine zeitliche Reihe; und wenn man die Existenz verschiedener Familien von Momenten zulässt, wird es in der Natur alternative zeitliche Reihen geben. Die Methode der extensiven Abstraktion erklärt also den Ursprung der Zeitreihen aus den unmittelbaren Erfahrungstatsachen und ermöglicht gleichzeitig die Existenz der alternativen Zeitreihen, die von der modernen elektromagnetischen Relativitätstheorie gefordert werden.

Wir wenden uns nun dem Raum zu. Das erste, was wir tun müssen, ist, die Klasse der abstrakten Elemente zu finden, die in gewisser Weise die Punkte des Raumes sind. Ein solches abstraktes Element muss in gewissem Sinne eine Konvergenz zu einem absoluten Minimum an intrinsischem Charakter aufweisen. Euklid hat für alle Zeiten die allgemeine Idee eines Punktes ausgedrückt, als ein Punkt ohne Teile und ohne Größe. Es ist diese Eigenschaft, ein absolutes Minimum zu sein, die wir erreichen und in Bezug auf die extrinsischen Eigenschaften der abstrakten Mengen, aus denen ein Punkt besteht, zum Ausdruck bringen wollen. Darüber hinaus stellen die so ermittelten Punkte das Ideal von Ereignissen ohne jegliche Ausdehnung dar, obwohl es in Wirklichkeit keine solchen Entitäten wie diese idealen Ereignisse gibt. Diese Punkte werden nicht die Punkte eines äußeren zeitlosen Raumes sein, sondern von augenblicklichen Räumen. Wir wollen schließlich zum zeitlosen Raum der physikalischen Wissenschaft und auch des allgemeinen Denkens gelangen, das jetzt mit den Begriffen der Wissenschaft gefärbt ist. Es wird zweckmäßig sein, den Begriff "Punkt" für diese Räume zu reservieren, wenn wir zu ihnen gelangen. Ich werde daher den Namen "Ereignis-Teilchen" für die idealen Mindestgrenzen von Ereignissen verwenden. Ein Ereignis-Teilchen ist also ein abstraktes Element und als solches eine Gruppe von abstrakten Mengen; und ein Punkt - d.h. ein Punkt des zeitlosen Raums - wird eine Klasse von Ereignis-Teilchen sein.

Darüber hinaus gibt es einen separaten zeitlosen Raum, der jeder einzelnen Zeitreihe, d. h. jeder einzelnen Familie von Zeitdauern, entspricht. Wir werden später auf Punkte in zeitlosen Räumen zurückkommen. Ich erwähne sie jetzt nur, damit wir die Etappen unserer Untersuchung verstehen können. Die Gesamtheit der Ereignis-Teilchen wird eine vierdimensionale Mannigfaltigkeit bilden, wobei die zusätzliche Dimension, die sich aus der Zeit ergibt - mit anderen Worten - aus den Punkten eines zeitlosen Raumes entsteht, die jeweils eine Klasse von Ereignis-Teilchen sind.

Der geforderte Charakter der abstrakten Mengen, die Ereignis-Teilchen bilden, wäre gesichert, wenn wir sie so definieren könnten, dass sie die

Eigenschaft haben, von jeder abstrakten Menge, die sie abdecken, abgedeckt zu werden. Denn dann wäre jede andere abstrakte Menge, die von einer abstrakten Menge eines Ereignis-Teilchens abgedeckt wird, gleichwertig mit dieser, und wäre somit ein Mitglied desselben Ereignis-Teilchens. Dementsprechend könnte ein Ereignis-Teilchen kein anderes abstraktes Element umfassen. Dies ist die Definition, die ich ursprünglich auf einem Kongress in Paris im Jahr 1914 [9] vorgeschlagen habe. Diese Definition birgt jedoch eine Schwierigkeit, wenn sie ohne weitere Zusätze angenommen wird, und ich bin nicht zufrieden mit der Art und Weise, in der ich versucht habe, diese Schwierigkeit in dem erwähnten Papier zu überwinden.

[9] Vgl. "La Théorie Relationniste de l'Espace", *Rev. de Métaphysique et de Morale*, Bd. XXIII, 1916.

Die Schwierigkeit ist folgende: Wenn die Ereignisteilchen einmal definiert sind, ist es einfach, das Aggregat der Ereignisteilchen zu definieren, das die Grenze eines Ereignisses bildet; und von da aus den Punktkontakt an ihren Grenzen zu definieren, der für ein Paar von Ereignissen möglich ist, von denen eines Teil des anderen ist. Dann können wir uns alle Feinheiten der Tangentialität vorstellen. Insbesondere können wir uns eine abstrakte Menge vorstellen, in der alle Mitglieder einen Punktkontakt mit demselben Ereignis-Teilchen haben. Es ist dann leicht zu beweisen, dass es keine abstrakte Menge gibt, die die Eigenschaft hat, von jeder abstrakten Menge, die sie umfasst, abgedeckt zu werden. Ich führe diese Schwierigkeit in aller Ausführlichkeit an, weil ihre Existenz die Entwicklung unserer Argumentation leitet. Wir müssen der Grundeigenschaft, von jeder abstrakten Menge, die sie umfasst, abgedeckt zu werden, eine Bedingung hinzufügen. Wenn wir diese Frage nach geeigneten Bedingungen untersuchen, stellen wir fest, dass neben den Ereignis-Teilchen auch alle anderen relevanten räumlichen und raum-zeitlichen abstrakten Elemente auf die gleiche Weise definiert werden können, indem wir die Bedingungen in geeigneter Weise variieren. Dementsprechend gehen wir in einer allgemeinen Weise vor, die sich für den Einsatz jenseits von Ereignis-Teilchen eignet.

Sei σ der Name einer beliebigen Bedingung, die einige abstrakte Mengen erfüllen. Ich sage, dass eine abstrakte Menge "σ-prime" ist, wenn sie die beiden Eigenschaften hat, (i) dass sie die Bedingung σ erfüllt und (ii) dass sie von jeder abstrakten Menge abgedeckt wird, die sowohl von ihr abgedeckt wird als auch die Bedingung σ erfüllt.

Mit anderen Worten: Es gibt keine abstrakte Menge, die die Bedingung σ erfüllt und einen einfacheren inneren Charakter als den einer σ-Primzahl aufweist.

Es gibt auch die korrelativen abstrakten Mengen, die ich die Mengen der σ-Antiprimzahlen nenne. Eine abstrakte Menge ist eine σ-Antiprimale, wenn sie die beiden Eigenschaften hat, (i) dass sie die Bedingung σ erfüllt und (ii) dass sie jede abstrakte Menge überdeckt, die sowohl sie überdeckt als auch die Bedingung σ erfüllt. Mit anderen Worten, man kann keine abstrakte Menge erhalten, die die Bedingung σ erfüllt und einen komplexeren Charakter als den einer σ-Antiprimalen aufweist.

Der intrinsische Charakter eines σ-Primums hat ein gewisses Minimum an Fülle unter den abstrakten Mengen, die der Bedingung der Erfüllung von σ unterliegen; wohingegen der intrinsische Charakter eines σ-Antiprimums ein entsprechendes Maximum an Fülle hat und alles umfasst, was er unter den gegebenen Umständen umfassen kann.

Betrachten wir zunächst, welche Hilfe uns der Begriff der Antiprimzahlen bei der Definition der Momente geben könnte, die wir in der letzten Vorlesung gegeben haben. Die Bedingung σ sei die Eigenschaft, eine Klasse zu sein, deren Mitglieder alle Dauern sind. Eine abstrakte Menge, die diese Bedingung erfüllt, ist also eine abstrakte Menge, die vollständig aus Dauern besteht. Es ist dann zweckmäßig, ein Moment als die Gruppe der abstrakten Mengen zu definieren, die gleich einem σ-Antiprim sind, wobei die Bedingung σ diese besondere Bedeutung hat. Man wird bei der Betrachtung feststellen, (i) dass jede abstrakte Menge, die ein Moment bildet, ein σ-Antiprim ist, , wo σ diese besondere Bedeutung hat, und (ii) dass wir von der Zugehörigkeit zu Momenten abstrakte Mengen von Dauern ausgeschlossen haben, die alle eine gemeinsame Grenze haben, entweder die Anfangsgrenze oder die Endgrenze. Damit schließen wir Sonderfälle aus, die die allgemeine Argumentation verwirren könnten. Die neue Definition eines Moments, die unsere frühere Definition ersetzt, ist (mit Hilfe des Begriffs der Antiprimzahlen) die präzisere der beiden und die nützlichere.

Die besondere Bedingung, für die "σ" in der Definition der Momente stand, beinhaltete etwas Zusätzliches zu dem, was aus dem bloßen Begriff der Ausdehnung abgeleitet werden kann. Eine Dauer stellt für das Denken eine Totalität dar. Der Begriff der Totalität ist etwas, das über den der Ausdehnung hinausgeht, obwohl beide im Begriff der Dauer miteinander verwoben sind.

In gleicher Weise muss die besondere Bedingung "σ", die für die Definition eines Ereignis-Teilchens erforderlich ist, jenseits des bloßen Begriffs der Ausdehnung gesucht werden. Dasselbe gilt auch für die besonderen Bedingungen, die für die anderen räumlichen Elemente erforderlich sind. Dieser zusätzliche Begriff ergibt sich aus der Unterscheidung zwischen dem Begriff der "Position" und dem Begriff der Konvergenz zu einem idealen Nullpunkt der Ausdehnung, wie er von einer abstrakten Menge von Ereignissen dargestellt wird.

Um diese Unterscheidung zu verstehen, betrachten wir einen Punkt des augenblicklichen Raums, den wir uns in einem fast augenblicklichen Blick als sichtbar vorstellen. Dieser Punkt ist ein Ereignis-Teilchen. Er hat zwei Aspekte. In einem Aspekt ist er da, wo er ist. Das ist seine Position im Raum. In einem anderen Aspekt wird er erreicht, indem man den umgebenden Raum ignoriert und die Aufmerksamkeit auf die immer kleiner werdende Menge von Ereignissen konzentriert, die sich ihm nähern. Dies ist sein extrinsischer Charakter. Somit hat ein Punkt drei Eigenschaften, nämlich seine Position im gesamten momentanen Raum, seine extrinsische Eigenschaft und seine intrinsische Eigenschaft. Das Gleiche gilt für jedes andere räumliche Element. Zum Beispiel hat ein momentanes Volumen im momentanen Raum drei Eigenschaften, nämlich seine Position, seinen extrinsischen Charakter als eine Gruppe von abstrakten Mengen und seinen intrinsischen Charakter, der die Grenze der natürlichen Eigenschaften ist, die durch eine dieser abstrakten Mengen angegeben wird.

Bevor wir über die Position im augenblicklichen Raum sprechen können, müssen wir uns natürlich darüber im Klaren sein, was wir mit dem augenblicklichen Raum an sich meinen. Der augenblickliche Raum muss als Charakter eines Augenblicks betrachtet werden. Denn ein Augenblick ist die ganze Natur in einem Augenblick. Er kann nicht der eigentliche Charakter des Augenblicks sein. Denn der intrinsische Charakter sagt uns den begrenzenden Charakter der Natur im Raum zu diesem Zeitpunkt. Der augenblickliche Raum muss eine Ansammlung von abstrakten Elementen sein, die in ihren gegenseitigen Beziehungen betrachtet werden. Ein momentaner Raum ist also die Gesamtheit der abstrakten Elemente, die von einem bestimmten Moment erfasst werden, und er ist der momentane Raum dieses Moments.

Wir müssen nun fragen, welchen Charakter wir in der Natur gefunden haben, der fähig ist, den Elementen eines augenblicklichen Raumes verschiedene Qualitäten der Position zuzuordnen. Diese Frage führt uns sogleich zum Schnittpunkt der Momente, ein Thema, das in diesen Vorlesungen noch nicht behandelt wurde.

Der Ort, an dem sich zwei Momente überschneiden, ist die Gesamtheit der abstrakten Elemente, die von beiden abgedeckt werden. Nun können sich zwei Momente derselben zeitlichen Reihe nicht überschneiden. Zwei Momente, die zu verschiedenen Familien gehören, müssen sich notwendigerweise schneiden. Dementsprechend sollten wir im stanten Raum eines Moments erwarten, dass die grundlegenden Eigenschaften durch die Schnittpunkte mit Momenten anderer Familien gekennzeichnet sind. Ist M ein gegebenes Moment, so ist der Schnittpunkt von M mit einem anderen Moment A eine momentane Ebene im momentanen Raum von M; und ist B ein drittes Moment, das sowohl M als auch A schneidet, so ist der Schnittpunkt von M und B eine weitere Ebene im Raum M. Auch der gemeinsame Schnittpunkt von A, B und M ist der Schnittpunkt der beiden Ebenen im Raum M, nämlich eine Gerade im Raum M. Ein Ausnahmefall liegt vor, wenn sich B und M in derselben Ebene schneiden wie A und M. Ist ferner C ein viertes Moment, so schneidet es, abgesehen von Sonderfällen, die wir nicht zu berücksichtigen brauchen, M in einer Ebene, die die Gerade (A, B, M) trifft. Es gibt also im Allgemeinen einen gemeinsamen Schnittpunkt von vier Momenten aus verschiedenen Familien. Dieser gemeinsame Schnittpunkt ist eine Ansammlung von abstrakten Elementen, die jeweils von allen vier Momenten abgedeckt werden (oder in ihnen "liegen"). Die dreidimensionale Eigenschaft des augenblicklichen Raums besteht darin, dass (abgesehen von besonderen Beziehungen zwischen den vier Momenten) jedes fünfte Moment entweder die gesamte gemeinsame Schnittmenge oder nichts davon enthält. Eine weitere Unterteilung der gemeinsamen Schnittmenge durch Momente ist nicht möglich. Es gilt das Prinzip "alles oder nichts". Dies ist keine Wahrheit *à priori*, sondern eine empirische Tatsache der Natur.

Es wird zweckmäßig sein, die gewöhnlichen räumlichen Begriffe "Ebene", "Gerade" und "Punkt" für die Elemente des zeitlosen Raums eines Zeitsystems zu reservieren. Dementsprechend wird eine augenblickliche Ebene im augenblicklichen Raum eines Augenblicks als "Ebene" bezeichnet, eine augenblickliche gerade Linie als "Gerade" und ein augenblicklicher Punkt als "Punkt". Ein Punkt ist also die Gesamtheit der abstrakten Elemente, die in jedem der vier Momente liegen, deren Familien keine besonderen Beziehungen zueinander haben. Auch wenn P ein beliebiges Moment ist, liegt entweder jedes abstrakte Element, das zu einem gegebenen Punkt gehört, in P, oder kein abstraktes Element dieses Punktes liegt in P.

Die Position ist die Eigenschaft, die ein abstraktes Element aufgrund der Momente, in denen es liegt, besitzt. Die abstrakten Elemente, die sich im Augenblicksraum eines bestimmten Moments M befinden, unterscheiden sich voneinander durch die verschiedenen anderen Momente, die M schneiden, so dass sie verschiedene Auswahlen dieser abstrakten Elemente enthalten. Diese Differenzierung der Elemente ist es, die ihre Differenzierung der Position ausmacht. Ein abstraktes Element, das zu einem Punkt gehört, hat die einfachste Art von Position in M, ein abstraktes Element, das zu einem Rechteck, aber nicht zu einem Punkt gehört, hat eine komplexere Qualität der Position, ein abstraktes Element, das zu einer Ebene und nicht zu einem Rechteck gehört, hat eine noch komplexere Qualität der Position, und schließlich gehört die komplexeste Qualität der Position zu einem abstrakten Element, das zu einem Volumen und nicht zu einer Ebene gehört. Ein Volumen ist jedoch noch nicht definiert worden. Diese Definition wird in der nächsten Vorlesung gegeben werden.

Offensichtlich können Ebenen, Rects und Puncts in ihrer Eigenschaft als unendliche Aggregate weder die Endpunkte der Sinneswahrnehmung sein, noch können sie Grenzen sein, denen man sich in der Sinneswahrnehmung annähert. Jedes einzelne Glied einer Ebene hat eine bestimmte Qualität, die sich aus seiner Eigenschaft ergibt, auch zu einer bestimmten Menge von Momenten zu gehören, aber die Ebene als Ganzes ist ein bloßer logischer Begriff ohne jeden Weg der Annäherung entlang von Entitäten, die im Sinnesbewusstsein postuliert werden.

Andererseits wird ein Ereignis-Teilchen so definiert , dass es diesen Charakter eines Annäherungsweges aufweist, der von den im Sinnesbewusstsein postulierten Entitäten markiert wird. Ein bestimmtes Ereignis-Teilchen wird in Bezug auf einen bestimmten Punkt auf folgende Weise definiert: Die Bedingung σ bedeute die Eigenschaft, alle abstrakten Elemente zu umfassen, die zu diesem Punkt gehören; eine abstrakte Menge, die die Bedingung σ erfüllt, sei also eine abstrakte Menge, die jedes abstrakte Element des Punktes umfasst. Dann ist die Definition des Ereignis-Teilchens, das mit dem Punkt verbunden ist, dass es die Gruppe aller σ-Primzahlen ist, wobei σ diese besondere Bedeutung hat.

Es ist offensichtlich, dass - mit dieser Bedeutung von σ - jede abstrakte Menge, die einer σ-Primzahl entspricht, selbst eine σ-Primzahl ist. Ein so definiertes Ereignis-Teilchen ist demnach ein abstraktes Element, nämlich die Gruppe derjenigen abstrakten Mengen, die jeweils gleich einer gegebenen abstrakten Menge sind. Die Definition des Ereignis-Teilchens, das mit einem gegebenen Punkt, den wir π nennen, verbunden ist, lautet wie folgt: Das Ereignis-Teilchen, das mit π assoziiert ist, ist die Gruppe der abstrakten Klassen, von denen jede die beiden Eigenschaften hat, (i) dass sie jede abstrakte Menge in π abdeckt und (ii) dass alle abstrakten Mengen, die die erste Bedingung für π erfüllen und die sie abdeckt, sie ebenfalls abdecken.

Ein Ereignis-Teilchen hat seine Position durch seine Verbindung mit einem Punkt, und umgekehrt erhält der Punkt seinen abgeleiteten Charakter als Weg der Annäherung durch seine Verbindung mit dem Ereignis-Teilchen. Diese beiden Charaktere eines Punktes tauchen immer wieder auf, wenn es um die Ableitung eines Punktes aus den beobachteten Tatsachen der Natur geht, aber im Allgemeinen wird ihre Unterscheidung nicht klar erkannt.

Die eigentümliche Einfachheit eines augenblicklichen Punktes hat einen doppelten Ursprung, der eine hängt mit der Position zusammen, d.h. mit seinem Charakter als Punkt, der andere mit seinem Charakter als Ereignis-Teilchen. Die Einfachheit des Punktes ergibt sich aus seiner Unteilbarkeit durch einen Augenblick.

Die Einfachheit eines Ereignis-Teilchens ergibt sich aus der Unteilbarkeit seines inneren Charakters. Der intrinsische Charakter eines Ereignis-Teilchens ist unteilbar in dem Sinne, dass jede abstrakte Menge, die von ihm erfasst wird, denselben intrinsischen Charakter aufweist. Daraus folgt, dass es zwar verschiedene abstrakte Elemente gibt, die von Ereignis-Teilchen abgedeckt werden, es aber keinen Vorteil bringt, sie zu berücksichtigen, da wir keine zusätzliche Einfachheit im Ausdruck der natürlichen Eigenschaften gewinnen.

Diese beiden Merkmale der Einfachheit, die Ereignis-Teilchen und Punkte aufweisen, geben Euklids Satz "ohne Teile und ohne Größe" eine Bedeutung.

Es ist offensichtlich bequem, all diese verirrten abstrakten Mengen, die von Ereignisteilchen bedeckt sind, ohne selbst zu ihnen zu gehören, aus unseren Überlegungen zu streichen. Sie geben uns nichts Neues in Bezug auf den intrinsischen Charakter. Dementsprechend können wir uns Rechtecke und Ebenen als bloße Orte von Ereignis-Teilchen vorstellen. Damit schneiden wir auch jene abstrakten Elemente aus, die Mengen von

Ereignis-Teilchen umfassen, ohne dass diese Elemente selbst Ereignis-Teilchen sind. Es gibt Klassen dieser abstrakten Elemente, die von großer Bedeutung sind. Ich werde sie später in diesem und in anderen Vorträgen betrachten. Bis dahin werden wir sie ignorieren. Ich werde auch immer von "Ereignis-Teilchen" sprechen und nicht von "Pünktchen", da letzteres ein Kunstwort ist, für das ich keine große Vorliebe habe.

Die Parallelität zwischen Bereichen und Ebenen ist nun erklärbar.

Betrachten wir den Augenblicksraum, der zu einem Moment A gehört, und lassen wir A zu der zeitlichen Reihe von Momenten gehören, die ich α nennen werde. Betrachten wir eine beliebige andere zeitliche Reihe von Momenten, die ich β nennen werde. Die Momente von β schneiden sich nicht und sie schneiden den Moment A in einer Familie von Ebenen. Keines dieser Niveaus kann sich schneiden, und sie bilden eine Familie paralleler momentaner Ebenen im momentanen Raum des Moments A. So erzeugt die Parallelität der Momente in einer zeitlichen Reihe die Parallelität der Niveaus in einem momentanen Raum, und von da aus - wie man leicht sehen kann - die Parallelität der Rektas. Die euklidische Eigenschaft des Raumes ergibt sich also aus der parabolischen Eigenschaft der Zeit. Es könnte sein, dass es einen Grund gibt, eine hyperbolische Theorie der Zeit und eine entsprechende hyperbolische Theorie des Raumes anzunehmen. Eine solche Theorie ist nicht ausgearbeitet worden, so dass es nicht möglich ist, über den Charakter der Beweise zu urteilen, die zu ihren Gunsten vorgebracht werden könnten.

Die Theorie der Ordnung in einem momentanen Raum lässt sich unmittelbar aus der Zeitordnung ableiten. Betrachten wir den Raum eines Moments M. Sei α der Name eines Zeitsystems, zu dem M nicht gehört. Seien A_1, A_2, A_3 usw. Momente von α in der Reihenfolge ihres Auftretens. Dann schneiden A_1, A_2, A_3 usw. M in den Parallelebenen l_1, l_2, l_3, usw. Dann ist die relative Ordnung der parallelen Ebenen im Raum von M *die* gleiche wie die relative Ordnung der entsprechenden Momente im Zeitsystem α. Jedes Rechteck in M, das alle diese Ebenen in seiner Punktmenge schneidet, erhält dadurch für seine Punkte eine Ordnung der Position auf ihr. Die räumliche Ordnung ist also von der zeitlichen Ordnung abgeleitet. Darüber hinaus gibt es alternative Zeitsysteme, aber es gibt nur eine bestimmte räumliche Ordnung in jedem tanen Raum. Dementsprechend müssen die verschiedenen Arten der Ableitung räumlicher Ordnung aus verschiedenen Zeitsystemen mit einer räumlichen Ordnung in jedem momentanen Raum harmonieren. Auf diese Weise sind auch verschiedene Zeitordnungen vergleichbar.

Wir haben noch zwei große Fragen zu klären, bevor unsere Theorie des Raumes vollständig angepasst ist. Eine davon ist die Frage nach der Bestimmung der Messmethoden im Raum, mit anderen Worten, die Kongruenztheorie des Raumes. Es wird sich herausstellen, dass die Messung des Raumes eng mit der Messung der Zeit zusammenhängt, für die bisher noch keine Prinzipien festgelegt wurden. Unsere Kongruenztheorie wird also eine Theorie sowohl für den Raum als auch für die Zeit sein. Zweitens geht es um die Bestimmung des zeitlosen Raums, der einem bestimmten Zeitsystem mit seiner unendlichen Menge von Momentanräumen in seinen aufeinanderfolgenden Momenten entspricht. Dies ist der Raum - oder besser gesagt, dies sind die Räume - der physikalischen Wissenschaft. Es ist sehr üblich, diesen Raum mit dem Hinweis abzutun, er sei begrifflich. Ich verstehe nicht, was diese Formulierungen bedeuten sollen. Ich nehme an, dass damit gemeint ist, dass der Raum die Vorstellung von etwas in der Natur ist. Wenn man also den Raum der Naturwissenschaft als begrifflich bezeichnen will, dann frage ich: Wovon in der Natur ist er die Vorstellung? Wenn wir zum Beispiel von einem Punkt im zeitlosen Raum der Naturwissenschaft sprechen, nehme ich an, dass wir von etwas in der Natur sprechen. Wenn wir das nicht tun, bewegen sich unsere Wissenschaftler im Bereich der reinen Phantasie, und das ist ganz offensichtlich nicht der Fall. Diese Forderung nach einem definitiven Habeas-Corpus-Gesetz für die Herstellung der relevanten Entitäten in der Natur gilt unabhängig davon, ob der Raum relativ oder absolut ist. Auf der Grundlage der Theorie des relativen Raums könnte man vielleicht argumentieren, dass es für die physikalische Wissenschaft keinen zeitlosen Raum gibt, sondern nur die momentane Abfolge von Augenblicksräumen.

Es muss also eine Erklärung für die Bedeutung der sehr verbreiteten Aussage gefunden werden, dass dieser oder jener Mann in einer bestimmten Stunde vier Meilen zurückgelegt hat. Wie kann man die Entfernung von einem Raum in einen anderen Raum messen? Ich verstehe das Gehen aus dem Blatt einer Landkarte. Aber was es bedeutet, wenn man sagt, dass Cambridge um 10 Uhr heute Morgen im entsprechenden Augenblicksraum 52 Meilen von London um 11 Uhr heute Morgen im entsprechenden Augenblicksraum entfernt ist, ist mir völlig schleierhaft. Ich denke, dass Sie, sobald Sie eine Bedeutung für diese Aussage gefunden haben, feststellen werden, dass Sie einen tatsächlich zeitlosen Raum konstruiert haben. Was ich nicht verstehe, ist, wie man eine Bedeutungserklärung abgeben kann, ohne tatsächlich eine solche Konstruktion vorzunehmen. Ich möchte noch hinzufügen, dass ich nicht weiß, wie die augenblicklichen Räume durch irgendeine Methode, die in den gegenwärtigen Raumtheorien zur Verfügung steht, zu einem einzigen Raum korreliert werden.

Sie werden bemerkt haben, dass wir mit Hilfe der Annahme alternativer Zeitsysteme zu einer Erklärung des Charakters des Raumes gelangen. In der Naturwissenschaft bedeutet "erklären" lediglich, "Zusammenhänge" zu entdecken. Zum Beispiel gibt es in einem Sinne keine Erklärung für das Rot, das Sie sehen. Es ist rot, und es gibt nichts anderes darüber zu sagen. Entweder ist es vor Ihnen in der Sinneswahrnehmung vorhanden oder Sie wissen nichts von der Entität Rot. Aber die Wissenschaft hat das Rot erklärt. Sie hat nämlich Zusammenhänge zwischen Rot als einem Faktor in der Natur und anderen Faktoren in der Natur entdeckt, zum Beispiel Lichtwellen, die Wellen von elektromagnetischen Störungen sind. Es gibt auch verschiedene pathologische Zustände des Körpers, die zum Sehen von Rot führen, ohne dass Lichtwellen auftreten. Es wurden also Zusammenhänge zwischen dem Rot, wie es in der Sinneswahrnehmung postuliert wird, und verschiedenen anderen Faktoren in der Natur entdeckt. Die Entdeckung dieser Zusammenhänge ist die wissenschaftliche Erklärung für unser Farbensehen. In gleicher Weise stellt die Abhängigkeit des Charakters des Raumes vom Charakter der Zeit eine Erklärung in dem Sinne dar, in dem die Wissenschaft zu erklären sucht. Der systematisierende Intellekt verabscheut nackte Tatsachen. Die Beschaffenheit des Raumes wurde bisher als eine Ansammlung von nackten Tatsachen dargestellt, die endgültig und unverbunden sind. Die Theorie, die ich darlege, hebt diese Unverbundenheit der Fakten des Raumes auf.

KAPITEL V
RAUM UND BEWEGUNG

Das Thema dieses Vortrags ist die Fortsetzung der Aufgabe, die Konstruktion von Räumen als Abstrakte aus den Tatsachen der Natur zu erklären. Am Ende der letzten Vorlesung wurde festgestellt, dass die Frage der Kongruenz nicht berücksichtigt wurde, ebenso wenig wie die Konstruktion eines zeitlosen Raumes, der die aufeinanderfolgenden momentanen Räume eines gegebenen Zeitsystems korrelieren sollte. Außerdem wurde festgestellt, dass es viele räumliche abstrakte Elemente gibt, die wir noch nicht definiert haben. Wir werden uns zunächst mit der Definition einiger dieser abstrakten Elemente befassen, nämlich mit den Definitionen von Körpern, von Flächen und von Wegen. Unter einer "Strecke" verstehe ich einen geraden oder gekrümmten Abschnitt. Die Darlegung dieser Definitionen und die notwendigen einleitenden Erklärungen werden, so hoffe ich, als allgemeine Erklärung der Funktion von Ereignis-Teilchen in der Analyse der Natur dienen.

Wir stellen fest, dass die Ereignisteilchen eine "Position" in Bezug zueinander haben. In der letzten Vorlesung habe ich erklärt, dass die "Position" eine Qualität ist, die ein räumliches Element aufgrund der sich kreuzenden Momente, die es bedecken, erhält. Jedes Ereignis-Teilchen hat also eine Position in diesem Sinne. Die einfachste Art, die Position eines Ereignis-Teilchens in der Natur auszudrücken, besteht darin, sich zunächst auf ein bestimmtes Zeitsystem festzulegen. Nennen wir es α. Es gibt einen Zeitpunkt in der Zeitreihe von α, der das gegebene Ereignis-Teilchen umfasst. Die Position des Ereignis-Teilchens in der Zeitreihe α wird also durch dieses Moment definiert, das wir M nennen. Die Position des Teilchens im Raum von M wird dann auf gewöhnliche Weise durch drei Ebenen festgelegt, die sich darin und nur darin schneiden. Dieses Verfahren zur Festlegung der Position eines Ereignis-Teilchens zeigt, dass die Gesamtheit der Ereignis-Teilchen eine vierdimensionale Mannigfaltigkeit bildet. Ein endliches Ereignis nimmt einen begrenzten Teil dieser Mannigfaltigkeit in einem Sinne ein, den ich nun erläutern werde.

Sei *e ein* beliebiges Ereignis. Jedes Ereignis-Teilchen ist eine Gruppe von gleichen abstrakten Mengen, und jede abstrakte Menge besteht zu ihrem kleinen Ende hin aus immer kleineren endlichen Ereignissen. Wenn wir aus diesen endlichen Ereignissen, die in die Zusammensetzung eines

bestimmten Ereignis-Teilchens eingehen, diejenigen auswählen, die klein
genug sind, muss einer von drei Fällen eintreten. Entweder sind (i) alle
diese kleinen Ereignisse völlig getrennt von dem gegebenen Ereignis e,
oder (ii) alle diese kleinen Ereignisse sind Teil des Ereignisses e, oder (iii)
alle diese kleinen Ereignisse überschneiden sich mit dem Ereignis e, sind
aber nicht Teil von ihm. Im ersten Fall sagt man, dass das Ereignisteilchen
"außerhalb" des Ereignisses e liegt, im zweiten Fall sagt man, dass das
Ereignisteilchen "innerhalb" des Ereignisses e liegt, und im dritten Fall sagt
man, dass das Ereignisteilchen ein "Grenzteilchen" des Ereignisses e ist. Es
gibt also drei Mengen von Teilchen, nämlich die Menge derjenigen, die
außerhalb des Ereignisses e *liegen*, die Menge derjenigen, die innerhalb des
Ereignisses e liegen, und die Grenze des Ereignisses e, die die Menge der
Grenzteilchen von e ist. Da ein Ereignis vierdimensional ist, ist die Grenze
eines Ereignisses eine dreidimensionale Mannigfaltigkeit. Für ein endliches
Ereignis gibt es eine Kontinuität der Grenze; für eine Dauer besteht die
Grenze aus denjenigen Ereignisteilchen, die von einem der beiden
begrenzenden Momente abgedeckt werden. Somit besteht die Grenze einer
Dauer aus zwei momentanen dreidimensionalen sionalen Räumen. Von
einem Ereignis wird gesagt, dass es das Aggregat der Ereignisteilchen
"besetzt", das in ihm liegt.

Zwei Ereignisse, die eine "Kreuzung" in dem Sinne haben, in dem die
Kreuzung in meinem letzten Vortrag beschrieben wurde, und dennoch so
voneinander getrennt sind, dass sich keines der beiden Ereignisse
überschneidet oder Teil des anderen Ereignisses ist, werden als
"benachbart" bezeichnet.

Diese Beziehung der Adjunktion führt zu einer besonderen Beziehung
zwischen den Grenzen der beiden Ereignisse. Die beiden Grenzen müssen
einen gemeinsamen Teil haben, der in der Tat ein kontinuierlicher
dreidimensionaler Ort von Ereignis-Teilchen in der vierdimensionalen
Mannigfaltigkeit ist.

Ein dreidimensionaler Ort von Ereignis-Teilchen, der der gemeinsame
Teil der Grenze von zwei benachbarten Ereignissen ist, wird als "Körper"
bezeichnet. Ein Festkörper kann vollständig in einem Moment liegen oder
auch nicht. Ein Festkörper, der nicht in einem Moment liegt, wird als
"vagabundierend" bezeichnet. Ein Festkörper, der in einem Moment liegt,
wird als Volumen bezeichnet. Ein Volumen kann definiert werden als der
Ort der Ereignisteilchen, an dem sich ein Moment mit einem Ereignis
schneidet, vorausgesetzt, die beiden schneiden sich. Der Schnittpunkt eines

Moments und eines Ereignisses besteht offensichtlich aus den Ereignisteilchen, die von dem Moment erfasst werden und in dem Ereignis liegen. Die Identität der beiden Definitionen eines Volumens ist offensichtlich, wenn wir uns daran erinnern, dass ein sich schneidendes Moment das Ereignis in zwei benachbarte Ereignisse teilt.

Ein so definierter Festkörper, ob er nun vagabundiert oder ein Volumen ist, ist eine bloße Ansammlung von Ereignis-Teilchen, die eine bestimmte Qualität der Position darstellen. Wir können einen Festkörper auch als ein abstraktes Element definieren. Dazu greifen wir auf die in der vorangegangenen Vorlesung erläuterte Theorie der Primzahlen zurück. Die mit σ bezeichnete Bedingung steht dafür, dass jedes Ereignis einer beliebigen abstrakten Menge, die diese Bedingung erfüllt, alle Ereignisteilchen eines bestimmten Festkörpers enthält, der heißt. Dann ist die Gruppe aller σ-Primzahlen das abstrakte Element, das mit dem gegebenen Festkörper assoziiert ist. Ich nenne dieses abstrakte Element den Festkörper als abstraktes Element, und die Gesamtheit der Ereignisteilchen nenne ich den Festkörper als Ort. Die augenblicklichen Volumen im augenblicklichen Raum, die die Ideale unserer Sinneswahrnehmung sind, sind Volumen als abstrakte Elemente. Was wir mit all unseren Bemühungen um Exaktheit wirklich wahrnehmen, sind kleine Ereignisse, die weit genug unten in einer abstrakten Menge liegen, die zum Volumen als abstraktes Element gehört.

Es ist schwer zu sagen, inwieweit wir uns der Wahrnehmung von vagabundierenden Festkörpern annähern. Wir glauben jedenfalls nicht, dass wir eine solche Annäherung vornehmen. Aber dann sind unsere Gedanken - im Falle von Menschen, die über solche Themen nachdenken - so sehr unter der Kontrolle der materialistischen Naturtheorie, dass sie kaum als Beweis gelten. Wenn an Einsteins Gravitationstheorie etwas Wahres dran ist, dann sind vagabundierende Festkörper in der Wissenschaft von großer Bedeutung. Die gesamte Grenze eines endlichen Ereignisses kann als ein besonderes Beispiel für einen vagabundierenden Festkörper als Ort betrachtet werden. Seine besondere Eigenschaft, geschlossen zu sein, verhindert, dass er als abstraktes Element definiert werden kann.

Wenn ein Moment ein Ereignis schneidet, schneidet es auch die Begrenzung dieses Ereignisses. Diese Ortskurve, d. h. der Teil der Grenze, der in dem Moment enthalten ist, ist die Begrenzungsfläche des entsprechenden Volumens des in dem Moment enthaltenen Ereignisses. Es handelt sich um eine zweidimensionale Ortskurve.

Die Tatsache, dass jedes Volumen eine Begrenzungsfläche hat, ist der Ursprung der Dedekindschen Kontinuität des Raums.

Ein anderes Ereignis kann von demselben Moment in einem anderen Volumen geschnitten werden, und auch dieses Volumen wird seine Grenze haben. Diese beiden Volumina im augenblicklichen Raum eines Moments können sich auf die bekannte Art und Weise überschneiden, die ich nicht im Detail zu beschreiben brauche, und so Teile von den Oberflächen des jeweils anderen abschneiden. Diese Teile der Oberflächen sind "Momentalbereiche".

Es ist in diesem Stadium unnötig, auf die Komplexität einer Definition der vagabundierenden Bereiche einzugehen. Ihre Definition ist einfach genug, wenn die vierdimensionale Mannigfaltigkeit der Ereignisteilchen hinsichtlich ihrer Eigenschaften genauer erforscht worden ist.

Momentalflächen lassen sich offensichtlich als abstrakte Elemente mit genau der gleichen Methode definieren, die auch für Körper angewandt wird. Wir müssen lediglich "Fläche" anstelle von "Körper" in den Worten der bereits gegebenen Definition einsetzen. Und genau wie im analogen Fall eines Festkörpers ist das, was wir als Annäherung an unser Ideal einer Fläche wahrnehmen, ein kleines Ereignis, das weit genug unten am kleinen Ende einer der gleichen abstrakten Mengen liegt, die zur Fläche als abstraktes Element gehört.

Zwei Momentalbereiche, die im selben Moment liegen, können sich in einem Momentalsegment schneiden, das nicht unbedingt geradlinig ist. Ein solches Segment kann auch als abstraktes Element definiert werden. Man nennt es dann eine "momentale Strecke". Wir werden uns nicht mit einer allgemeinen Betrachtung dieser Momentalstrecken aufhalten, und es ist auch nicht wichtig, dass wir zu einer noch umfassenderen Untersuchung der vagabundierenden Strecken im Allgemeinen übergehen. Es gibt jedoch zwei einfache Gruppen von Routen, die von entscheidender Bedeutung sind. Es handelt sich zum einen um die Momentalrouten und zum anderen um die Vagabundierrouten. Beide Gruppen können zusammen als gerade Routen bezeichnet werden. Wir fahren fort, sie zu definieren, ohne auf die Definitionen von Volumen und Flächen einzugehen.

Die beiden Arten von geraden Strecken werden als geradlinige Strecken und Stationen bezeichnet. Geradlinige Strecken sind momentale Strecken und Bahnhöfe sind vagabundierende Strecken. Geradlinige Strecken sind Strecken, die in gewissem Sinne in Rechtecken liegen. Zwei beliebige Ereignis-Teilchen auf einem Rechteck definieren die Menge der Ereignis-Teilchen, die zwischen ihnen auf diesem Rechteck liegen. Die Erfüllung der Bedingung σ durch eine abstrakte Menge bedeute, dass die beiden gegebenen Ereignis-Teilchen und die zwischen ihnen liegenden Ereignis-Teilchen auf dem Rekt alle in jedem Ereignis liegen, das zur abstrakten Menge gehört. Die Gruppe der σ-Primzahlen, bei denen σ diese Bedeutung hat, bilden ein abstraktes Element. Solche abstrakten Elemente sind geradlinige Strecken. Sie sind die Segmente der momentanen Geraden, die die Ideale der exakten Wahrnehmung sind. Unsere tatsächliche Wahrnehmung, wie exakt sie auch sein mag, wird die Wahrnehmung eines kleinen Ereignisses sein, das hinreichend weit in einer der abstrakten Mengen des abstrakten Elements liegt.

Eine Station ist eine vagabundierende Route, und kein Moment kann eine Station in mehr als einem Ereignis-Teilchen schneiden. Eine Station beinhaltet also einen Vergleich der Positionen der von ihr erfassten Ereignisteilchen in ihren jeweiligen Momenten. Rechtecke ergeben sich aus dem Schnittpunkt von Momenten. Bisher sind jedoch noch keine Eigenschaften von Ereignissen genannt worden, anhand derer sich analoge vagabundierende Loci herausfinden lassen.

Das allgemeine Problem unserer Untersuchung besteht darin, eine Methode zum Vergleich der Position in einem Momentanraum mit Positionen in anderen Momenträumen zu finden. Wir können uns auf die Räume der parallelen Momente eines Zeitsystems beschränken. Wie sind die Positionen in diesen verschiedenen Räumen zu vergleichen? Mit anderen Worten: Was verstehen wir unter Bewegung? Dies ist die grundlegende Frage, die sich jeder Theorie des relativen Raums stellt, und wie viele andere grundlegende Fragen wird sie wahrscheinlich unbeantwortet bleiben. Es ist keine Antwort, darauf zu antworten, dass wir alle wissen, was wir mit Bewegung meinen. Natürlich wissen wir das, soweit es die Sinneswahrnehmung betrifft. Ich verlange, dass Ihre Theorie des Raumes der Natur etwas gibt, das man beobachten kann. Sie haben die Frage nicht geklärt, indem Sie eine Theorie vorlegen, nach der es nichts zu beobachten gibt, und dann wiederholen, dass wir diese nicht existierende Tatsache dennoch beobachten. Solange es keine Bewegung als Tatsache in der Natur gibt, verschwinden kinetische Energie und Impuls und alles, was von diesen physikalischen Begriffen abhängt, aus unserer Liste der physikalischen Realitäten. Selbst in diesem revolutionären Zeitalter wehrt sich mein Konservatismus entschieden gegen die Identifizierung von Impuls und Mondschein.

Dementsprechend gehe ich als Axiom davon aus, dass Bewegung eine physikalische Tatsache ist. Sie ist etwas, das wir in der Natur wahrnehmen. Die Bewegung setzt die Ruhe voraus. Bis die Theorie aufkam, um die unmittelbare Intuition, d.h. die unkritischen Urteile, die sich unmittelbar aus der Sinneswahrnehmung ergeben, zu entkräften, zweifelte niemand daran, dass man in der Bewegung das zurücklässt, was ruht. Abraham hat auf seinen Wanderungen seinen Geburtsort dort gelassen, wo er immer war. Eine Theorie der Bewegung und eine Theorie der Ruhe sind ein und dieselbe Sache, die unter verschiedenen Gesichtspunkten und mit unterschiedlicher Gewichtung betrachtet wird.

Nun kann man keine Theorie der Ruhe haben, ohne in gewissem Sinne eine Theorie der absoluten Position zuzulassen. Gewöhnlich wird angenommen, dass der relative Raum impliziert, dass es keine absolute Position gibt. Dies ist nach meiner Überzeugung ein Irrtum. Die Annahme ergibt sich aus dem Versäumnis, eine andere Unterscheidung zu treffen, nämlich, dass es alternative Definitionen der absoluten Position geben kann. Diese Möglichkeit ergibt sich aus der Zulassung alternativer Zeitsysteme. So können die Reihen von Räumen in den parallelen Momenten einer zeitlichen Reihe ihre eigene Definition der absoluten Position haben, die Gruppen von Ereignis-Teilchen in diesen aufeinanderfolgenden Räumen korreliert, so dass jede Gruppe aus Ereignis-Teilchen besteht, eines aus jedem Raum, die alle die Eigenschaft haben, dieselbe absolute Position in dieser Reihe von Räumen zu besitzen. Eine solche Menge von Ereignisteilchen bildet einen Punkt im zeitlosen Raum dieses Zeitsystems. Ein Punkt ist also tatsächlich eine absolute Position im zeitlosen Raum eines bestimmten Zeitsystems.

Aber es gibt alternative Zeitsysteme, und jedes Zeitsystem hat seine eigene Gruppe von Punkten, d.h. seine eigene Definition der absoluten Position. Dies ist genau die Theorie, die ich erläutern werde.

Wenn man in der Natur nach Beweisen für die absolute Position sucht, ist es sinnlos, auf die vierdimensionale Mannigfaltigkeit der Ereignis-Teilchen zurückzugreifen. Diese Mannigfaltigkeit wurde durch die Ausdehnung des Denkens über die Unmittelbarkeit der Beobachtung hinaus gewonnen. Wir werden darin nichts anderes finden als das, was wir dort hineingelegt haben, um die Ideen im Denken darzustellen, die aus unserer direkten Sinneswahrnehmung der Natur entstehen. Um Beweise für die Eigenschaften zu finden, die in der Mannigfaltigkeit der Ereignis-Teilchen zu finden sind, müssen wir immer auf die Beobachtung der Beziehungen zwischen den Ereignissen zurückgreifen. Unser Problem besteht darin, jene Beziehungen zwischen Ereignissen zu bestimmen, die die Eigenschaft der absoluten Position in einem zeitlosen Raum zur Folge haben. Dies ist in der Tat das Problem der Bestimmung der eigentlichen Bedeutung der zeitlosen Räume der physikalischen Wissenschaft.

Bei der Betrachtung der Faktoren der Natur, die sich unmittelbar in der Sinneswahrnehmung offenbaren, sollten wir den grundlegenden Charakter der Wahrnehmung des "Hierseins" beachten. Wir nehmen ein Ereignis lediglich als einen Faktor in einem bestimmten Komplex wahr, an dem jeder Faktor seinen eigenen Anteil hat.

Es gibt zwei Faktoren, die immer Bestandteil dieses Komplexes sind: der eine ist die Dauer, die im Denken durch den Begriff der ganzen Natur, die jetzt gegenwärtig ist, repräsentiert wird, und der andere ist der eigentümliche *locus standi* für den Geist, der mit der Sinneswahrnehmung verbunden ist. Dieser locus *standi* in der Natur ist das, was im Denken durch den Begriff des "Hier" repräsentiert wird, nämlich eines "Ereignisses hier".

Dies ist das Konzept eines bestimmten Faktors in der Natur. Dieser Faktor ist ein Ereignis in der Natur, das den Fokus in der Natur für diesen Akt des Bewusstseins darstellt, und die anderen Ereignisse werden als auf ihn bezogen wahrgenommen. Dieses Ereignis ist Teil der zugehörigen Dauer. Ich nenne es das "wahrnehmende Ereignis". Dieses Ereignis ist nicht der Geist, d.h. nicht der Wahrnehmende. Es ist das in der Natur, von dem aus der Verstand wahrnimmt. Die vollständige Verankerung des Geistes in der Natur wird durch ein Paar von Ereignissen repräsentiert, nämlich die gegenwärtige Dauer, die das "Wann" des Gewahrseins markiert, und das wahrnehmende Ereignis, das das "Wo" des Gewahrseins und das "Wie" des Gewahrseins markiert. Dieses Wahrnehmungsereignis ist, grob gesagt, das leibliche Leben des inkarnierten Geistes. Aber diese Identifikation ist nur eine grobe. Denn die Funktionen des Körpers gehen in die anderer Naturereignisse über, so dass das Wahrnehmungsereignis in mancher Hinsicht nur als Teil des leiblichen Lebens und in anderer Hinsicht sogar als mehr als das leibliche Leben angesehen werden kann. In vielerlei Hinsicht ist die Abgrenzung rein willkürlich, je nachdem, wo auf einer gleitenden Skala man die Linie zu ziehen beschließt.

Ich habe bereits in meinem letzten Vortrag über die Zeit die Verbindung von Geist und Natur erörtert. Die Schwierigkeit der Diskussion liegt darin, dass konstante Faktoren übersehen werden können. Wir bemerken sie nie im Gegensatz zu ihrer Abwesenheit. Der Zweck einer Diskussion über solche Faktoren kann als der beschrieben werden, offensichtliche Dinge seltsam aussehen zu lassen. Wir können sie uns nicht vorstellen, wenn es uns nicht gelingt, ihnen etwas von der Frische zu verleihen, die der Fremdartigkeit zukommt.

Wegen dieser Gewohnheit, konstante Faktoren dem Bewusstsein zu entziehen, verfallen wir immer wieder in den Fehler, die Sinneswahrnehmung eines bestimmten Faktors in der Natur als eine zweigliedrige Beziehung zwischen dem Geist und dem Faktor zu betrachten. Zum Beispiel: Ich nehme ein grünes Blatt wahr. Die Sprache in dieser Aussage unterdrückt jeden Hinweis auf andere Faktoren als den wahrnehmenden Geist und das grüne Blatt und die Beziehung der Sinneswahrnehmung. Sie verwirft die offensichtlichen, unvermeidlichen Faktoren, die wesentliche Elemente der Wahrnehmung sind. Ich bin hier, das Blatt ist dort; und das Ereignis hier und das Ereignis, das das Leben des Blattes dort ist, sind beide in eine Totalität der Natur eingebettet, die jetzt ist, und innerhalb dieser Totalität gibt es andere unterschiedene Faktoren, die zu erwähnen irrelevant ist. So setzt die Sprache dem Verstand gewohnheitsmäßig einen irreführenden Abriss der unbestimmten Komplexität der Tatsache des Sinnesbewusstseins vor Augen.

Was ich nun erörtern möchte, ist die besondere Beziehung zwischen dem wahrnehmenden Ereignis, das "hier" ist, und der Dauer, die "jetzt" ist. Diese Beziehung ist eine Tatsache in der Natur, und zwar ist sich der Geist der Natur bewusst, dass diese beiden Faktoren in dieser Beziehung stehen.

Innerhalb der kurzen gegenwärtigen Dauer hat das "Hier" des wahrnehmenden Ereignisses eine bestimmte Bedeutung. Diese Bedeutung des "Hier" ist der Inhalt der besonderen Beziehung des wahrnehmenden Ereignisses zu seiner zugehörigen Dauer. Ich werde diese Beziehung "Kogredienz" nennen. Dementsprechend frage ich nach einer Beschreibung des Charakters der Beziehung der Kogredienz. Die Gegenwart bricht in eine Vergangenheit und eine Gegenwart ein, wenn das "Hier" der Kogredienz seine einzige, bestimmte Bedeutung verliert. Es hat einen Übergang der Natur vom "Hier" der Wahrnehmung innerhalb der vergangenen Dauer zum anderen "Hier" der Wahrnehmung innerhalb der gegenwärtigen Dauer gegeben. Aber die beiden "Hiers" der

Sinneswahrnehmung innerhalb benachbarter Zeiträume können ununterscheidbar sein. In diesem Fall hat ein Übergang von der Vergangenheit zur Gegenwart stattgefunden, aber eine zurückhaltendere Wahrnehmungskraft hätte die vorübergehende Natur als eine vollständige Gegenwart beibehalten, anstatt die frühere Dauer in die Vergangenheit gleiten zu lassen. Der Sinn für Ruhe hilft nämlich bei der Integration von Dauern in eine verlängerte Gegenwart, und der Sinn für Bewegung differenziert die Natur in eine Folge von verkürzten Dauern. Wenn wir in einem Schnellzug aus dem Waggon schauen, ist die Gegenwart vorbei, bevor die Reflexion sie erfassen kann. Wir leben in Schnipseln, die zu schnell für das Denken sind. Andererseits wird die unmittelbare Gegenwart dadurch verlängert, dass die Natur sich uns in einem Aspekt ununterbrochener Ruhe präsentiert. Jede Veränderung in der Natur bietet einen Grund für eine Differenzierung der Zeiträume, um die Gegenwart zu verkürzen. Aber es gibt einen großen Unterschied zwischen der Selbstveränderung in der Natur und der Veränderung der äußeren Natur. Die Selbstveränderung in der Natur ist eine Veränderung der Qualität des Standpunktes des wahrnehmenden Ereignisses. Es ist die Auflösung des "Hier", die die Auflösung der gegenwärtigen Dauer notwendig macht. Die Veränderung der äußeren Natur ist mit einer Verlängerung der Gegenwart der Kontemplation, die in einem bestimmten Standpunkt wurzelt, vereinbar. Was ich hervorheben möchte, ist, dass die Aufrechterhaltung einer besonderen Beziehung zu einer Dauer eine notwendige Bedingung für die Funktion dieser Dauer als gegenwärtige Dauer für die Sinneswahrnehmung ist. Diese eigentümliche Beziehung ist die Beziehung der Kogredienz zwischen dem wahrnehmenden Ereignis und der Dauer. Kogredienz ist die Erhaltung der ungebrochenen Qualität des Standpunkts innerhalb der Dauer. Es ist das Fortbestehen der Identität des Standpunktes innerhalb der gesamten Natur, die der Endpunkt des Sinnesbewusstseins ist. Die Dauer kann eine Veränderung in sich selbst beinhalten, aber sie kann nicht - soweit sie eine einzige gegenwärtige Dauer ist - eine Veränderung in der Qualität ihrer besonderen Beziehung zu dem enthaltenen wahrnehmenden Ereignis beinhalten.

Mit anderen Worten, die Wahrnehmung ist immer "hier", und eine Dauer kann nur unter der Bedingung als gegenwärtig für die Sinneswahrnehmung postuliert werden, dass sie eine ununterbrochene Bedeutung von "hier" in ihrer Beziehung zu dem wahrnehmenden Ereignis bietet. Nur in der Vergangenheit können Sie "dort" gewesen sein, mit einem Standpunkt, der sich von Ihrem gegenwärtigen "hier" unterscheidet.

Ereignisse dort und Ereignisse hier sind Tatsachen der Natur, und die Qualitäten des Seins "dort" und "hier" sind nicht nur Qualitäten des Bewusstseins als eine Beziehung zwischen Natur und Geist. Die Eigenschaft der bestimmten Station in der Dauer, die zu einem Ereignis gehört, das "hier" in einem bestimmten Sinn von "hier" ist, ist die gleiche Art von Qualität der Station, die zu einem Ereignis gehört, das "dort" in einem bestimmten Sinn von "dort" ist. Die Kogredienz hat also nichts mit einem biologischen Charakter des Ereignisses zu tun, der durch sie mit der zugehörigen Dauer verbunden ist. Dieser biologische Charakter ist anscheinend eine weitere Bedingung für die eigentümliche Verbindung eines wahrnehmenden Ereignisses mit der Wahrnehmung des Geistes; aber er hat nichts mit der Beziehung des wahrnehmenden Ereignisses zu der Dauer zu tun, die die gegenwärtige Gesamtheit der Natur ist, die als die Offenbarung der Wahrnehmung dargestellt wird.

Angesichts des erforderlichen biologischen Charakters wählt das Ereignis in seiner Eigenschaft als wahrnehmendes Ereignis diejenige Dauer aus, mit der die operative Vergangenheit des Ereignisses innerhalb der Grenzen der Genauigkeit der Beobachtung von praktisch mitentscheidend ist. Unter den alternativen Zeitsystemen, die die Natur anbietet, wird es nämlich eines mit einer Dauer geben, die für alle untergeordneten Teile des wahrnehmenden Ereignisses den besten Durchschnitt der Mitwirkung bietet. Diese Dauer wird die Gesamtheit der Natur sein, die der vom Sinnesbewusstsein gesetzte Terminus ist. Der Charakter des wahrnehmenden Ereignisses bestimmt also das in der Natur unmittelbar sichtbare Zeitsystem. In dem Maße, in dem sich der Charakter des wahrgenommenen Ereignisses mit dem Lauf der Natur ändert - oder, mit anderen Worten, in dem Maße, in dem sich der wahrnehmende Geist in seinem Lauf mit dem Übergang des wahrgenommenen Ereignisses in ein anderes wahrnehmendes Ereignis korreliert -, kann sich das mit der Wahrnehmung dieses Geistes korrelierte Zeitsystem ändern. Wenn der größte Teil der wahrgenommenen Ereignisse in einer anderen Dauer als der des wahrnehmenden Ereignisses kogredient ist, kann die Wahrnehmung ein doppeltes Bewusstsein der Kogredienz beinhalten, nämlich das Bewusstsein des Ganzen, in dem der Beobachter im Zug "hier" ist, und das Bewusstsein des Ganzen, in dem die Bäume und Brücken und Telegrafenmasten definitiv "dort" sind. So behaupten die unterschiedenen Ereignisse in den Wahrnehmungen unter bestimmten Umständen ihre eigenen Kogredienzbeziehungen. Diese Behauptung der Kogredienz ist besonders offensichtlich, wenn die Dauer, zu der das wahrgenommene

Ereignis kogredient ist, dieselbe ist wie die Dauer, die das gegenwärtige Ganze der Natur ist - mit anderen Worten, wenn das Ereignis und das wahrgenommene Ereignis beide zur selben Dauer kogredient sind.

Wir sind nun bereit, die Bedeutung von Stationen in einer Dauer zu betrachten, wobei Stationen eine besondere Art von Routen sind, die eine absolute Position im zugehörigen zeitlosen Raum definieren.

Es gibt jedoch einige vorläufige Erklärungen. Von einem endlichen Ereignis wird gesagt, dass es sich über die gesamte Dauer erstreckt, wenn es Teil der Dauer ist und von jedem Moment, der in der Dauer liegt, durchschnitten wird. Ein solches Ereignis beginnt mit der Dauer und endet mit ihr. Außerdem erstreckt sich jedes Ereignis, das mit der Dauer beginnt und mit ihr endet, über die gesamte Dauer. Dies ist ein Axiom, das auf der Kontinuität der Ereignisse beruht. Indem ich mit einer Dauer beginne und mit ihr ende, meine ich, (i) dass das Ereignis Teil der Dauer ist, und (ii) dass sowohl die anfänglichen als auch die abschließenden Grenzmomente der Dauer einige Ereignisteilchen am Rande des Ereignisses umfassen.

Jedes Ereignis, das mit einer Dauer verknüpft ist, erstreckt sich über diese Dauer.

Es ist nicht wahr, dass alle Teile eines Ereignisses, die mit einer Dauer kogredient sind, auch mit der Dauer kogredient sind. Die Beziehung der Kogredienz kann auf zwei Arten scheitern. Ein Grund für das Scheitern kann sein, dass sich der Teil nicht über die gesamte Dauer erstreckt. In diesem Fall kann das Teil mit einer anderen Dauer kogredient sein, die Teil der gegebenen Dauer ist, obwohl es nicht mit der gegebenen Dauer selbst kogredient ist. Ein solcher Teil wäre kogredient, wenn seine Existenz in diesem Zeitsystem hinreichend ausgedehnt wäre. Der andere Grund für das Scheitern ergibt sich aus der vierdimensionalen Ausdehnung der Ereignisse, so dass es keinen bestimmten Weg des Übergangs von Ereignissen in linearen Reihen gibt. So ist beispielsweise der Tunnel einer U-Bahn ein Ereignis, das in einem bestimmten Zeitsystem ruht, d. h. er ist ein Kogredient mit einer bestimmten Dauer. Ein Zug, der in ihm fährt, ist Teil dieses Tunnels, befindet sich aber selbst nicht in Ruhe.

Wenn ein Ereignis e mit einer Dauer d kogredient ist und d' eine beliebige Dauer ist, die Teil von d ist, dann gehört d' zum selben Zeitsystem wie d. Auch d' schneidet e in einem Ereignis e', das Teil von e ist und mit d' kogredient ist.

Sei P ein beliebiges Ereignis-Teilchen, das in einer gegebenen Dauer d liegt. Betrachte das Aggregat von Ereignissen, in dem P liegt und das ebenfalls mit d kogredient ist. Diese Aggregate haben einen gemeinsamen Anteil, nämlich die Klasse der Ereignisteilchen, die in allen von ihnen liegt. Diese Klasse von Ereignis-Teilchen nenne ich die "Station" des Ereignis-Teilchens P in der Dauer d. Dies ist die Station im Charakter eines Ortes. Eine Station kann auch im Zeichen eines abstrakten Elements definiert werden. Die Eigenschaft σ sei der Name der Eigenschaft, die eine abstrakte Menge besitzt, wenn (i) jedes ihrer Ereignisse mit der Dauer d kogredient ist und (ii) das Ereignis-Teilchen P in jedem ihrer Ereignisse liegt. Dann ist die Gruppe der σ-Primzahlen, wobei σ diese Bedeutung hat, ein abstraktes Element und ist die Station von P in d als abstraktes Element. Der Ort der Ereignis-Teilchen, der von der Station von P in d als abstraktes Element abgedeckt wird, ist die Station von P in d als Ort. Eine Station hat also die üblichen drei Charaktere, nämlich ihren Positionscharakter, ihren extrinsischen Charakter als abstraktes Element und ihren intrinsischen Charakter.

Aus den besonderen Eigenschaften der Ruhe folgt, dass sich zwei Stationen, die zur gleichen Dauer gehören, nicht überschneiden können. Dementsprechend hat jedes Ereignis-Teilchen auf einer Station einer Dauer diese Station als seine Station in der Dauer. Auch jede Dauer, die Teil einer gegebenen Dauer ist, schneidet die Stationen der gegebenen Dauer in Loci, die ihre eigenen Stationen sind. Mit Hilfe dieser Eigenschaften können wir die Überschneidungen der Dauern einer Familie - d. h. eines Zeitsystems - nutzen, um Stationen unendlich vorwärts und rückwärts zu verlängern. Eine solche verlängerte Station wird als Punktspur bezeichnet. Eine Punktspur ist ein Ort von Ereignis-Teilchen. Er wird durch Bezugnahme auf ein bestimmtes Zeitsystem, z. B. α, definiert. Für jedes andere Zeitsystem wird dies eine andere Gruppe von Punktspuren sein. Jedes Ereignis-Teilchen liegt auf einer einzigen Punktspur der Gruppe, die zu einem beliebigen Zeitsystem gehört. Die Gruppe der Punktspuren des Zeitsystems α ist die Gruppe der Punkte des zeitlosen Raums von α. Jeder dieser Punkte gibt eine bestimmte Qualität der absoluten Position in Bezug auf die Dauern der Familie an, die mit α assoziiert ist, und von dort in Bezug auf die aufeinanderfolgenden augenblicklichen Räume, die in den aufeinanderfolgenden Momenten von α liegen. Jeder Moment von α schneidet eine Punktspur in einem und nur einem Ereignis-Teilchen.

Diese Eigenschaft des eindeutigen Schnittpunkts zwischen einem Moment und einer Punktspur ist nicht auf den Fall beschränkt, dass das

Moment und die Punktspur zum selben Zeitsystem gehören. Zwei beliebige Ereignisteilchen auf einer Punktspur sind sequentiell, so dass sie nicht im selben Moment liegen können. Dementsprechend kann kein Zeitpunkt eine Punktspur mehr als einmal schneiden, und jeder Zeitpunkt schneidet eine Punktspur in einem Ereignisteilchen.

Jeder, der sich zu den aufeinanderfolgenden Zeitpunkten von α an den Ereignisteilchen befinden sollte, an denen diese Zeitpunkte einen bestimmten Punkt von α schneiden, wird im zeitlosen Raum des Zeitsystems α ruhen. Aber in jedem anderen zeitlosen Raum, der zu einem anderen Zeitsystem gehört, wird er sich zu jedem nachfolgenden Zeitpunkt dieses Zeitsystems an einem anderen Punkt befinden. Mit anderen Worten, er wird sich bewegen. Er bewegt sich in einer geraden Linie mit gleichmäßiger Geschwindigkeit. Wir können dies als die Definition einer geraden Linie ansehen. Eine Gerade im Raum des Zeitsystems β ist nämlich der Ort derjenigen Punkte von β, die alle eine Punktspur schneiden, die ein Punkt im Raum eines anderen Zeitsystems ist. Somit ist jeder Punkt im Raum eines Zeitsystems α mit einer und nur einer Geraden des Raums eines beliebigen anderen Zeitsystems β assoziiert. Außerdem bildet die Menge der Geraden im Raum β, die auf diese Weise mit Punkten im Raum α assoziiert sind, eine vollständige Familie paralleler Geraden im Raum β. Somit besteht eine Eins-zu-Eins-Korrelation von Punkten im Raum α mit den Geraden einer bestimmten definitiven Familie paralleler Geraden im Raum β. Umgekehrt gibt es eine analoge eins-zu-eins-Korrelation der Punkte im Raum β mit den Geraden einer bestimmten Familie von parallelen Geraden im Raum α. Diese Familien werden die Familie der Parallelen in β, die mit α assoziiert ist, bzw. die Familie der Parallelen in α, die mit β assoziiert ist, genannt. Die Richtung im Raum β, die von der Familie der Parallelen in β angegeben wird, wird die Richtung von α im Raum β genannt, und die Familie der Parallelen in α ist die Richtung von β im Raum α. Ein Wesen, das sich in einem Punkt des Raumes α in Ruhe befindet, bewegt sich also gleichmäßig entlang einer Linie im Raum β, die in der Richtung von α im Raum β liegt, und ein Wesen, das sich in einem Punkt des Raumes β in Ruhe befindet, bewegt sich gleichmäßig entlang einer Linie im Raum α, die in der Richtung von β im Raum α liegt.

Ich habe von den zeitlosen Räumen gesprochen, die mit Zeitsystemen verbunden sind. Dies sind die Räume der physikalischen Wissenschaft und jeder Vorstellung von Raum als ewig und unveränderlich. Was wir jedoch tatsächlich wahrnehmen, ist eine Annäherung an den momentanen Raum, der durch Ereignis-Teilchen angezeigt wird, die in einem bestimmten Moment des mit unserem Bewusstsein verbundenen Zeitsystems liegen. Die Punkte eines solchen augenblicklichen Raums sind Ereignisteilchen und die geraden Linien sind Rechtecke. Nennen wir das Zeitsystem α und den Moment des Zeitsystems α, dem sich unsere schnelle Naturwahrnehmung annähert, und nennen wir ihn M. Jede Gerade r im Raum α ist ein Ort von Punkten und jeder Punkt ist eine Punktspur, die ein Ort von Ereignisteilchen ist. In der vierdimensionalen Geometrie aller Ereignis-Teilchen gibt es also einen zweidimensionalen Ort, der der Ort aller Ereignis-Teilchen auf Punkten ist, die auf der Geraden r liegen. So schneidet die Matrix von r das Moment M in einem Rect ρ. ρ ist also das momentane Rect in M, das im Moment M die Gerade r im Raum von α einnimmt. Wenn man also augenblicklich ein sich bewegendes Wesen und seinen Weg vor sich sieht, sieht man in Wirklichkeit das Wesen bei einem Ereignis-Teilchen A, das in dem Rechteck ρ liegt, das der scheinbare Weg unter der Annahme einer gleichförmigen Bewegung ist. Aber das tatsächliche Rechteck ρ, das ein Ort von Ereignisteilchen ist, wird von dem Wesen niemals durchquert. Diese Ereignisteilchen sind die augenblicklichen Tatsachen, die mit dem augenblicklichen Moment vergehen. Was wirklich durchquert wird, sind andere Ereignisteilchen, die in aufeinanderfolgenden Augenblicken dieselben Punkte des Raums α einnehmen wie die Ereignisteilchen des Rechtecks ρ. Wir sehen zum Beispiel eine Straße und einen Lastwagen, der sich darauf bewegt. Die augenblicklich gesehene Straße ist ein Teil des Rektums ρ - natürlich nur eine Annäherung an sie. Der Lastwagen ist das sich bewegende Objekt. Aber die Straße, die man sieht, wird nie überquert. Sie wird als überquert angesehen, weil die späteren Ereignisse im Allgemeinen so ähnlich sind wie die momentane Straße, dass wir uns nicht die Mühe machen, sie zu unterscheiden. Nehmen wir aber an, dass eine Landmine unter der Straße explodiert ist, bevor der Lastwagen dort ankommt. Dann ist es ziemlich offensichtlich, dass der Lastwagen nicht das durchquert, was wir anfangs gesehen haben. Nehmen wir an, der Lastwagen befindet sich im Raum β in Ruhe. Dann liegt die Gerade r des Raums α in der Richtung von β im Raum α, und das Geradlinige ρ ist der Repräsentant der Linie r des Raums α im Moment M. Die Richtung von ρ im momentanen Raum des Moments M ist die Richtung von β in M, wobei M ein Moment des Zeitsystems α ist. Wiederum ist die Matrix der Linie r des Raums α auch die Matrix irgendeiner Linie s des Raums β, die in der Richtung von α im Raum β liegt. Wenn also der Lastwagen an irgendeinem Punkt P des Raums α hält, der auf der Linie *r* liegt, bewegt er sich jetzt entlang der Linie *s* des Raums β. Dies ist die Theorie der relativen Bewegung; die gemeinsame Matrix ist das Band, das die Bewegung von β im Raum α mit den Bewegungen von α im Raum β verbindet.

Bewegung ist im Wesentlichen eine Beziehung zwischen einem Objekt der Natur und dem einen zeitlosen Raum eines Zeitsystems. Ein momentaner Raum ist statisch, da er sich auf die statische Natur in einem Moment bezieht. Wenn wir in der Wahrnehmung Dinge sehen, die sich in einer Annäherung an einen momentanen Raum bewegen, sind die zukünftigen Bewegungslinien, wie sie unmittelbar wahrgenommen werden, Rechtecke, die niemals durchquert werden. Diese Näherungsstrecken bestehen aus kleinen Ereignissen, nämlich Näherungsstrecken und Ereignisteilchen, die vergehen, bevor die sich bewegenden Objekte sie erreichen. Unter der Annahme, dass unsere Vorhersagen der geradlinigen Bewegung richtig sind, nehmen diese Strecken die geraden Linien im zeitlosen Raum ein, die durchquert werden. Die Strecken sind also Symbole für die unmittelbare Sinneswahrnehmung einer Zukunft, die sich nur in Begriffen des zeitlosen Raums ausdrücken lässt.

Wir sind nun in der Lage, den grundlegenden Charakter der Senkrechtheit zu erforschen. Betrachten wir die beiden Zeitsysteme α und β, jedes mit seinem eigenen zeitlosen Raum und seiner eigenen Familie von momentanen Momenten mit ihren momentanen Räumen. Seien *M* und *N* jeweils ein Moment von α und ein Moment von β. In *M* ist die Richtung von β und in *N* die Richtung von α. Aber *M* und *N*, die Momente verschiedener Zeitsysteme sind, schneiden sich in einer Ebene. Nennen wir diese Ebene λ. Dann ist λ eine Momentanebene im Momentanraum von *M* und auch im Momentanraum von *N*. Sie ist der Ort aller Ereignisteilchen, die sowohl in *M* als auch in *N* liegen.

Im augenblicklichen Raum von *M* steht die Ebene λ senkrecht zur Richtung von β in *M*, und im augenblicklichen Raum von *N* steht die Ebene λ senkrecht zur Richtung von α in *N*. Dies ist die grundlegende Eigenschaft, die die Definition der Senkrechtheit bildet. Die Symmetrie der Rechtwinkligkeit ist ein besonderer Fall der Symmetrie der gegenseitigen Beziehungen zwischen zwei Zeitsystemen. In der nächsten Vorlesung werden wir feststellen, dass sich aus dieser Symmetrie die Theorie der Kongruenz ableitet.

Die Theorie der Rechtwinkligkeit im zeitlosen Raum eines beliebigen Zeitsystems α folgt unmittelbar aus dieser Theorie der Rechtwinkligkeit in jedem seiner Momentanräume. Sei ρ ein beliebiges Gerad im Moment M von α und sei λ eine Ebene in M, die senkrecht auf ρ steht. Der Ort derjenigen Punkte des Raums von α, die M in Ereignisteilchen auf ρ schneiden, ist die Gerade r des Raums α, und der Ort derjenigen Punkte des Raums von α, die M in Ereignisteilchen auf λ schneiden, ist die Ebene l des Raums α. Dann steht die Ebene l senkrecht auf der Gerade r.

Auf diese Weise haben wir auf einzigartige und eindeutige Eigenschaften in der Natur hingewiesen, die der Rechtwinkligkeit entsprechen. Wir werden feststellen, dass diese Entdeckung der eindeutigen, einzigartigen Eigenschaften, die die Rechtwinkligkeit definieren, von entscheidender Bedeutung für die Theorie der Kongruenz ist, die das Thema der nächsten Vorlesung ist.

Ich bedaure, dass ich in diesem Vortrag eine so große Dosis vierdimensionaler Geometrie verabreichen musste. Ich entschuldige mich nicht, denn ich bin wirklich nicht dafür verantwortlich, dass die Natur in ihrem fundamentalsten Aspekt vierdimensional ist. Die Dinge sind, was sie sind, und es ist sinnlos, die Tatsache zu verschleiern, dass das, was die Dinge sind, für unseren Intellekt oft sehr schwer zu verstehen ist. Es ist ein bloßes Ausweichen vor den eigentlichen Problemen, wenn man sich vor solchen Hindernissen drückt.

KAPITEL VI
DECKUNGSGLEICHHEIT

Das Ziel dieser Vorlesung ist es, eine Theorie der Kongruenz aufzustellen. Sie müssen sofort verstehen, dass Kongruenz eine kontroverse Frage ist. Es ist die Theorie der Messung in Raum und Zeit. Die Frage scheint einfach zu sein. In der Tat ist sie so einfach, dass ein Standardverfahren durch einen Parlamentsbeschluss festgelegt wurde; und die Hingabe an metaphysische Feinheiten ist fast das einzige Verbrechen, das keinem englischen Parlament zur Last gelegt wurde. Aber das Verfahren ist eine Sache und seine Bedeutung eine andere.

Zunächst wollen wir uns auf die rein mathematische Frage konzentrieren. Wenn das Segment zwischen zwei Punkten A und B kongruent zu dem zwischen den beiden Punkten C und D ist, sind die quantitativen Maße der beiden Segmente gleich. Die Gleichheit der numerischen Maße und die Kongruenz der beiden Segmente sind nicht immer klar zu unterscheiden und werden unter dem Begriff Gleichheit zusammengefasst. Das Verfahren der Messung setzt jedoch Kongruenz voraus. So werden beispielsweise mit einem Metermaß nacheinander zwei Entfernungen zwischen zwei Punktpaaren auf dem Boden eines Raumes gemessen. Es gehört zum Wesen des Messverfahrens, dass das Metermaß unverändert bleibt, wenn es von einer Position zur anderen übertragen wird. Manche Gegenstände können sich bei ihrer Bewegung deutlich verändern, wie z. B. ein elastischer Faden, aber ein Metermaß verändert sich nicht, wenn es aus dem richtigen Material besteht. Was ist das anderes als ein Urteil über die Kongruenz, das auf die Reihe der aufeinanderfolgenden Positionen des Yard-Maßes angewendet wird? Wir wissen, dass es sich nicht verändert, weil wir es in verschiedenen Positionen als kongruent zu sich selbst beurteilen. Im Fall des Fadens können wir den Verlust der Selbstkongruenz beobachten. Bei der Messung werden also unmittelbare Kongruenzurteile vorausgesetzt, und der Prozess der Messung ist lediglich ein Verfahren zur Ausweitung der Kongruenzerkennung auf Fälle, in denen diese unmittelbaren Urteile nicht verfügbar sind. Wir können also Kongruenz nicht durch Messung definieren.

In modernen Darstellungen der Axiome der Geometrie werden bestimmte Bedingungen festgelegt, die die Beziehung der Kongruenz zwischen Segmenten erfüllen soll. Man geht davon aus, dass wir eine vollständige Theorie der Punkte, der Geraden, der Ebenen und der Anordnung der Punkte auf den Ebenen haben - also eine vollständige Theorie der nicht-metrischen Geometrie. Wir fragen dann nach der Kongruenz und legen die Bedingungen - oder Axiome, wie sie genannt werden - fest, die diese Beziehung erfüllt. Es wurde dann bewiesen, dass es alternative Relationen gibt, die diese Bedingungen ebenso gut erfüllen, und dass es in der Raumtheorie nichts gibt, was uns dazu veranlassen würde, eine dieser Relationen gegenüber einer anderen als die von uns angenommene Kongruenzrelation zu wählen. Mit anderen Worten, es gibt alternative metrische Geometrien, die alle mit gleichem Recht existieren, soweit die eigentliche Theorie des Raumes betroffen ist.

Poincaré, der große französische Mathematiker, vertrat die Ansicht, dass unsere tatsächliche Wahl zwischen diesen Geometrien rein von Konventionen geleitet wird und dass die Auswirkung einer Änderung der Wahl lediglich darin bestünde, unseren Ausdruck der physikalischen Naturgesetze zu verändern. Unter "Konvention" verstehe ich Poincaré so, dass es nichts gibt, was der Natur selbst innewohnt und einer dieser Kongruenzbeziehungen eine besondere *Rolle* zuweist, und dass die Wahl einer bestimmten Beziehung durch den Willen des Geistes am anderen Ende des Sinnesbewusstseins geleitet wird. Das Prinzip der Führung ist eine intellektuelle Bequemlichkeit und keine natürliche Tatsache.

Diese Position ist von vielen Vertretern Poincarés missverstanden worden. Sie haben sie mit einer anderen Frage verwechselt, nämlich der, dass es wegen der Ungenauigkeit der Beobachtung unmöglich ist, beim Vergleich von Maßen eine exakte Aussage zu machen. Daraus folgt, dass man eine bestimmte Teilmenge von eng verwandten Kongruenzrelationen zuordnen kann, von denen jedes Mitglied gleich gut mit der Aussage über die beobachtete Kongruenz übereinstimmt, wenn man die Aussage mit ihren Fehlergrenzen richtig qualifiziert.

Dies ist eine ganz andere Frage und setzt die Ablehnung der Position von Poincaré voraus. Die absolute Unbestimmtheit der Natur in Bezug auf alle Kongruenzbeziehungen wird durch die Unbestimmtheit der Beobachtung in Bezug auf eine kleine Untergruppe dieser Beziehungen ersetzt.

Die Position von Poincaré ist stark. Er fordert in der Tat jeden heraus, irgendeinen Faktor in der Natur aufzuzeigen, der der Kongruenzbeziehung, die der Mensch tatsächlich angenommen hat, einen herausragenden Status verleiht. Aber zweifellos ist die Position sehr paradox. Bertrand Russell hatte eine Kontroverse mit ihm über diese Frage und wies darauf hin, dass es nach Poincarés Prinzipien nichts in der Natur gäbe, was bestimmen könnte, ob die Erde größer oder kleiner als eine bestimmte Billardkugel sei. Poincaré entgegnete, der Versuch, in der Natur Gründe für die Wahl eines bestimmten Kongruenzverhältnisses im Raum zu finden, sei so, als wolle man die Position eines Schiffes im Ozean bestimmen, indem man die Mannschaft zähle und die Augenfarbe des Kapitäns beobachte.

Meiner Meinung nach hatten beide Diskutanten Recht, wenn man von den Gründen ausgeht, auf denen die Diskussion beruhte. Russell wies in der Tat darauf hin, dass abgesehen von kleineren Ungenauigkeiten eine bestimmte Kongruenzbeziehung zu den Faktoren in der Natur gehört, die unsere Sinneswahrnehmung für uns aufstellt. Poincaré fragt nach Informationen über den Faktor in der Natur, der dazu führen könnte, dass eine bestimmte Kongruenzbeziehung eine herausragende *Rolle* unter den Faktoren spielt, die in der Sinneswahrnehmung dargestellt werden. Ich kann keine Antwort auf eine dieser Behauptungen erkennen, vorausgesetzt, man lässt die materialistische Theorie der Natur zu. Nach dieser Theorie ist die Natur zu einem bestimmten Zeitpunkt im Raum eine unabhängige Tatsache. Wir müssen also unsere herausragende Kongruenzbeziehung inmitten der Natur im augenblicklichen Raum suchen; und Poincaré hat zweifellos Recht, wenn er sagt, dass uns die Natur unter dieser Hypothese keine Hilfe dabei gibt, sie zu finden.

Andererseits ist Russell in einer ebenso starken Position, wenn er behauptet, dass wir sie als Beobachtungstatsache finden und darüber hinaus darin übereinstimmen, die gleiche Kongruenzrelation zu finden. Auf dieser Grundlage ist es eine der außergewöhnlichsten Tatsachen menschlicher Erfahrung, dass alle Menschen ohne zuordenbaren Grund darin übereinstimmen, ihre Aufmerksamkeit auf nur eine einzige Kongruenzrelation inmitten einer unbestimmten Anzahl von ununterscheidbaren Konkurrenten um Aufmerksamkeit zu richten. Man hätte erwartet, dass die Uneinigkeit über diese grundlegende Wahl die Nationen gespalten und die Familien entzweit hätte. Doch die Schwierigkeit wurde erst gegen Ende des neunzehnten Jahrhunderts von einigen mathematischen Philosophen und philosophischen Mathematikern entdeckt. Der Fall ist nicht vergleichbar mit unserer Einigung auf eine grundlegende Tatsache der Natur wie die drei Dimensionen des Raums. Wenn der Raum nur drei Dimensionen hat, sollten wir erwarten, dass die gesamte Menschheit sich dieser Tatsache bewusst ist, da sie sich dessen bewusst ist. Aber im Fall der Kongruenz stimmen die Menschen in einer willkürlichen Interpretation des Sinnesbewusstseins überein, wenn es nichts in der Natur gibt, das sie leitet.

Ich betrachte es als keine geringe Empfehlung der Theorie der Natur, die ich Ihnen darlege, dass sie eine Lösung dieser Schwierigkeit bietet, indem sie den Faktor in der Natur aufzeigt, der in der Vorherrschaft einer Kongruenzbeziehung über die unbestimmte Menge anderer solcher Beziehungen besteht.

Der Grund für dieses Ergebnis ist, dass die Natur nicht mehr in einem Augenblick auf den Raum beschränkt ist. Raum und Zeit sind nun miteinander verbunden; und dieser eigentümliche Faktor der Zeit, der sich so unmittelbar unter den Leistungen unseres Sinnesbewusstseins auszeichnet, bezieht sich auf ein bestimmtes Kongruenzverhältnis im Raum.

Die Kongruenz ist ein besonderes Beispiel für die grundlegende Tatsache des Erkennens. In der Wahrnehmung erkennen wir. Dieses Erkennen betrifft nicht nur den Vergleich eines vom Gedächtnis vorgegebenen Naturfaktors mit einem vom unmittelbaren Sinnesbewußtsein vorgegebenen Faktor. Das Erkennen findet in der Gegenwart statt, ohne dass das reine Gedächtnis eingreift. Denn die gegenwärtige Tatsache ist eine Dauer mit ihren vorangehenden und nachfolgenden Dauern, die Teile ihrer selbst sind. Die Unterscheidung in der Sinneswahrnehmung eines endlichen Ereignisses mit seiner Qualität des Vergehens wird auch von der Unterscheidung anderer Faktoren der Natur begleitet, die nicht am Vergehen von Ereignissen beteiligt sind. Was auch immer vergeht, ist ein Ereignis. Aber wir finden Entitäten in der Natur, die nicht vergehen; nämlich erkennen wir Gleichheiten in der Natur. Das Erkennen ist nicht in erster Linie ein intellektueller Akt des Vergleichs; es ist in seinem Wesen lediglich Sinneswahrnehmung in ihrer Fähigkeit, uns Faktoren in der Natur vor Augen zu führen, die nicht vergehen. So wird zum Beispiel das Grün als ein bestimmtes endliches Ereignis innerhalb der gegenwärtigen Dauer wahrgenommen. Dieses Grün bewahrt durchgehend seine Selbstidentität, während das Ereignis vergeht und dadurch die Eigenschaft erhält, in Teile zu zerfallen. Der grüne Fleck hat Teile. Aber wenn wir von dem grünen Fleck sprechen, dann sprechen wir von dem Ereignis in seiner einzigen Eigenschaft, für uns die Situation des Grüns zu sein. Das Grün selbst ist numerisch eine selbstidentische Einheit, ohne Teile, weil es ohne Übergang ist.

Faktoren in der Natur, die ohne Übergang sind, werden als Objekte bezeichnet. Es gibt grundlegend verschiedene Arten von Objekten, die in der folgenden Vorlesung betrachtet werden.

Das Erkennen wird im Intellekt als Vergleich reflektiert. Die erkannten Objekte eines Ereignisses werden mit den erkannten Objekten eines anderen Ereignisses verglichen. Der Vergleich kann zwischen zwei Ereignissen in der Gegenwart oder zwischen zwei Ereignissen erfolgen, von denen das eine durch das Gedächtnisbewusstsein und das andere durch das unmittelbare Sinnesbewusstsein dargestellt wird. Aber es sind nicht die Ereignisse, die verglichen werden. Denn jedes Ereignis ist im Wesentlichen einzigartig und unvergleichbar. Was verglichen wird, sind die Objekte und Relationen von Objekten, die sich in Ereignissen befinden. Das Ereignis, das als eine Beziehung zwischen Objekten betrachtet wird, hat seine Passage verloren und ist in diesem Aspekt selbst ein Objekt. Dieses Objekt ist nicht das Ereignis, sondern nur eine intellektuelle Abstraktion. Ein und dasselbe Objekt kann sich in vielen Ereignissen befinden; und in diesem Sinne kann sogar das gesamte Ereignis, als Objekt betrachtet, wiederkehren, wenn auch nicht das Ereignis selbst mit seinem Durchgang und seinen Beziehungen zu anderen Ereignissen.

Objekte, die von der Sinneswahrnehmung nicht postuliert werden, können dem Intellekt bekannt sein. Zum Beispiel können Beziehungen zwischen Objekten und Beziehungen zwischen Beziehungen Faktoren in der Natur sein, die sich nicht in der Sinneswahrnehmung offenbaren, aber durch logische Schlussfolgerung als notwendig im Sein bekannt sind. So können Objekte für unser Wissen lediglich logische Abstraktionen sein. Ein vollständiges Ereignis wird beispielsweise niemals in der Sinneswahrnehmung offenbart, und daher ist das Objekt, das die Summe der Objekte ist, die sich in einem Ereignis befinden und somit miteinander in Beziehung stehen, ein bloßer abstrakter Begriff. Auch ein rechter Winkel ist ein wahrgenommenes Objekt, das sich in vielen Ereignissen befinden kann; aber obwohl die Rechtwinkligkeit von der Sinneswahrnehmung postuliert wird, wird die Mehrzahl der geometrischen Beziehungen nicht so postuliert. Auch wird die Rechtwinkligkeit oft nicht wahrgenommen, obwohl sie nachweislich für die Wahrnehmung vorhanden war. So ist ein Objekt oft nur als eine abstrakte Beziehung bekannt, die nicht direkt in der Sinneswahrnehmung vorhanden ist, obwohl sie in der Natur vorhanden ist.

Die Qualitätsidentität zwischen kongruenten Segmenten ist im Allgemeinen von diesem Charakter. In bestimmten Sonderfällen kann diese Identität der Qualität direkt wahrgenommen werden. Aber im Allgemeinen wird sie durch einen Messprozess abgeleitet, der von unserer direkten Sinneswahrnehmung ausgewählter Fälle und einer logischen Schlussfolgerung aus dem transitiven Charakter der Kongruenz abhängt.

Die Kongruenz hängt von der Bewegung ab, und dadurch entsteht die Verbindung zwischen räumlicher und zeitlicher Kongruenz. Die Bewegung entlang einer geraden Linie hat eine Symmetrie um diese Linie. Diese Symmetrie wird durch die symmetrischen geometrischen Beziehungen der Geraden zu der Familie der zu ihr senkrechten Ebenen ausgedrückt.

Eine weitere Symmetrie in der Bewegungstheorie ergibt sich aus der Tatsache, dass die Ruhe in den Punkten von β einer gleichförmigen Bewegung entlang einer bestimmten Familie von parallelen Geraden im Raum von α entspricht. Wir müssen die drei Merkmale beachten, (i) die Gleichförmigkeit der Bewegung, die jedem Punkt von β entlang seiner korrelierten Geraden in α entspricht, und (ii) die Größengleichheit der Geschwindigkeiten entlang der verschiedenen Linien von α, die mit der Ruhe in den verschiedenen Punkten von β korreliert sind, und (iii) die Parallelität der Linien dieser Familie.

Wir sind nun im Besitz einer Theorie der Parallelen und einer Theorie der Senkrechten und einer Theorie der Bewegung, und aus diesen Theorien kann die Theorie der Kongruenz konstruiert werden. Es sei daran erinnert, dass eine Familie von parallelen Ebenen in einem beliebigen Moment die Familie von Ebenen ist, in denen dieser Moment von der Familie von Momenten eines anderen Zeitsystems geschnitten wird. Ebenso ist eine Familie paralleler Momente die Familie der Momente eines bestimmten Zeitsystems. Wir können also unseren Begriff der Familie paralleler Ebenen so erweitern, dass er Ebenen in verschiedenen Momenten eines Zeitsystems umfasst. Mit diesem erweiterten Konzept sagen wir, dass eine vollständige Familie paralleler Niveaus in einem Zeitsystem α die vollständige Familie von Niveaus ist, in denen die Momente von α die Momente von β schneiden. Diese vollständige Familie paralleler Niveaus ist offensichtlich auch eine Familie, die in den Momenten des Zeitsystems β liegt. Durch die Einführung eines dritten Zeitsystems γ erhält man parallele Rechtecke. Auch alle Punkte eines beliebigen Zeitsystems bilden eine Familie von parallelen Punktspuren. Es gibt also drei Arten von

Parallelogrammen in der vierdimensionalen Mannigfaltigkeit der Ereignis-Teilchen.

In Parallelogrammen des ersten Typs sind die beiden Paare paralleler Seiten jeweils Paare von Rechtecken. In Parallelogrammen des zweiten Typs ist ein Paar paralleler Seiten ein Paar Rechtecke und das andere Paar ein Paar Punktspuren. Bei den Parallelogrammen des dritten Typs sind die beiden Paare paralleler Seiten jeweils Paare von Punktspuren.

Das erste Axiom der Kongruenz besagt, dass die gegenüberliegenden Seiten eines Parallelogramms kongruent sind. Mit diesem Axiom können wir die Längen zweier beliebiger Segmente vergleichen, die entweder auf parallelen Rechtecken oder auf demselben Rechteck liegen. Es ermöglicht auch den Vergleich der Längen zweier beliebiger Segmente, die entweder auf parallelen Punktspuren oder auf derselben Punktspur liegen. Aus diesem Axiom folgt, dass sich zwei Objekte, die in zwei beliebigen Punkten eines Zeitsystems β ruhen, in jedem anderen Zeitsystem α mit gleichen Geschwindigkeiten auf parallelen Linien bewegen. Wir können also von der Geschwindigkeit in α aufgrund des Zeitsystems β sprechen, ohne einen bestimmten Punkt in β zu spezifizieren. Das Axiom ermöglicht es uns auch, die Zeit in einem beliebigen Zeitsystem zu messen; es ermöglicht uns jedoch nicht, Zeiten in verschiedenen Zeitsystemen zu vergleichen.

Das zweite Kongruenzaxiom betrifft Parallelogramme auf kongruenten Basen und zwischen gleichen Parallelen, bei denen auch die anderen Seitenpaare parallel sind. Das Axiom besagt, dass die Gerade, die die beiden Schnittpunkte der Diagonalen verbindet, parallel zu der Gerade ist, auf der die Basen liegen. Mit Hilfe dieses Axioms folgt leicht, dass die Diagonalen eines Parallelogramms sich gegenseitig halbieren.

Die Kongruenz wird in jedem Raum über parallele Rechtecke hinaus auf alle Rechtecke durch zwei Axiome erweitert, die von der Rechtwinkligkeit abhängen. Das erste dieser Axiome, das dritte Axiom der Kongruenz, besagt, dass, wenn ABC in einem beliebigen Moment ein Dreieck aus Rechten ist und D das mittlere Ereignis-Teilchen der Basis BC ist, die Ebene durch D, die senkrecht zu BC steht, dann und nur dann A enthält, wenn AB mit AC kongruent ist. Dieses Axiom drückt offensichtlich die Symmetrie der Rechtwinkligkeit aus und ist die Essenz des berühmten Pons asinorum, ausgedrückt als Axiom.

Das zweite Axiom, das von der Rechtwinkligkeit abhängt, und das vierte Axiom der Kongruenz, besagt, dass, wenn *r* und *A* ein Rechteck und ein Ereignis-Teilchen im selben Moment sind und *AB* und *AC* ein Paar rechteckiger Rechtecke sind, die *r* in *B* und *C* schneiden, und *AD* und *AE* *ein* anderes Paar rechteckiger Rechtecke sind, die *r* in *D* und *E* schneiden, dann liegt entweder *D* oder *E* im Segment *BC* und das andere der beiden liegt nicht in diesem Segment. Ein Sonderfall dieses Axioms ist auch, dass, wenn *AB* senkrecht zu *r* und *AC* parallel zu *r ist*, *D* und *E* auf gegenüberliegenden Seiten von *B liegen*. Mit Hilfe dieser beiden Axiome kann die Kongruenztheorie so erweitert werden, dass die Längen von Segmenten auf zwei beliebigen Rechtecken verglichen werden können. Damit ist die euklidische metrische Geometrie im Raum vollständig etabliert, und die Längen in den Räumen verschiedener Zeitsysteme sind vergleichbar als Ergebnis bestimmter Eigenschaften der Natur, die genau diese besondere Methode des Vergleichs angeben.

Der Vergleich von Zeitmessungen in verschiedenen Zeitsystemen erfordert zwei weitere Axiome. Das erste dieser Axiome, das das fünfte Axiom der Kongruenz bildet, wird als Axiom der "kinetischen Symmetrie" bezeichnet. Es drückt die Symmetrie der quantitativen Beziehungen zwischen zwei Zeitsystemen aus, wenn die Zeiten und Längen in den beiden Systemen in kongruenten Einheiten gemessen werden.

Das Axiom kann wie folgt erklärt werden: Seien α und β die Namen von zwei Zeitsystemen. Die Richtungen der Bewegung im Raum von α aufgrund der Ruhe in einem Punkt von β wird die 'β-Richtung in α' genannt und die Richtung der Bewegung im Raum von β aufgrund der Ruhe in einem Punkt von α wird die 'α-Richtung in β' genannt. Betrachten wir eine Bewegung im Raum α, die aus einer bestimmten Geschwindigkeit in der β-Richtung von α und einer bestimmten Geschwindigkeit im rechten Winkel dazu besteht. Diese Bewegung stellt die Ruhe im Raum eines anderen Zeitsystems - nennen wir es π - dar. Die Ruhe in π wird auch im Raum von β durch eine bestimmte Geschwindigkeit in der α-Richtung in β und eine bestimmte Geschwindigkeit rechtwinklig zu dieser α-Richtung dargestellt. Nun kann ein anderes Zeitsystem gefunden werden, das ich σ nennen werde, das so beschaffen ist, dass die Ruhe in seinem Raum durch die gleichen Größenordnungen der Geschwindigkeiten entlang und senkrecht zur α-Richtung in β repräsentiert wird wie die Geschwindigkeiten in α entlang und senkrecht zur β-Richtung, die die Ruhe in π repräsentieren. Das geforderte Axiom der kinetischen Symmetrie besagt, dass die Ruhe in σ in α durch die gleichen Geschwindigkeiten entlang und senkrecht zur β-

Richtung in α dargestellt wird wie die Geschwindigkeiten in β entlang und senkrecht zur α-Richtung, die die Ruhe in π darstellen.

Ein besonderer Fall dieses Axioms ist, dass die relativen Geschwindigkeiten gleich und entgegengesetzt sind. Die Ruhe in α wird nämlich in β durch eine Geschwindigkeit in α-Richtung dargestellt, die gleich der Geschwindigkeit in β-Richtung in α ist, die die Ruhe in β darstellt.

Das sechste Axiom der Kongruenz schließlich besagt, dass die Kongruenzbeziehung transitiv ist. Soweit dieses Axiom für den Raum gilt, ist es überflüssig. Denn die Eigenschaft ergibt sich aus unseren vorherigen Axiomen. Für die Zeit ist es jedoch als Ergänzung zum Axiom der kinetischen Symmetrie notwendig. Die Bedeutung des Axioms ist: Wenn die Zeiteinheit des Systems α kongruent zur Zeiteinheit des Systems β ist und die Zeiteinheit des Systems β kongruent zur Zeiteinheit des Systems γ ist, dann sind auch die Zeiteinheiten von α und γ kongruent.

Mit Hilfe dieser Axiome lassen sich Formeln für die trans formation von Messungen, die in einem Zeitsystem vorgenommen wurden, auf Messungen desselben Sachverhalts, die in einem anderen Zeitsystem vorgenommen wurden, ableiten. Es wird sich zeigen, dass diese Formeln eine beliebige Konstante beinhalten, die ich k nennen werde.

Sie hat die Dimensionen des Quadrats einer Geschwindigkeit. Dementsprechend ergeben sich vier Fälle. Im ersten Fall ist k gleich Null. Dieser Fall führt zu unsinnigen Ergebnissen, die im Widerspruch zu den elementaren Überlieferungen der Erfahrung stehen. Wir lassen diesen Fall beiseite.

Im zweiten Fall ist k unendlich. In diesem Fall ergeben sich die gewöhnlichen Formeln für die Transformation in der Relativbewegung, nämlich jene Formeln, die in jedem elementaren Buch über Dynamik zu finden sind.

Im dritten Fall ist k negativ. Nennen wir ihn $-c^2$, wobei c die Dimension einer Geschwindigkeit hat. Dieser Fall führt zu den Transformationsformeln, die Larmor für die Transformation der Maxwellschen Gleichungen des elektromagnetischen Feldes entdeckt hat. Diese Formeln wurden von H. A. Lorentz erweitert und von Einstein und Minkowski als Grundlage für ihre neue Relativitätstheorie verwendet. Ich spreche jetzt nicht von Einsteins neuerer allgemeiner Relativitätstheorie, aus der er seine Änderung des Gravitationsgesetzes ableitet. Wenn dies der

Fall ist, der für die Natur gilt, dann muss c eine gute Annäherung an die Lichtgeschwindigkeit *im Vakuum* sein. Vielleicht ist es diese tatsächliche Geschwindigkeit. In diesem Zusammenhang darf "*in vacuo*" nicht die Abwesenheit von Ereignissen bedeuten, nämlich die Abwesenheit des alles durchdringenden Äthers der Ereignisse. Es muss die Abwesenheit von bestimmten Arten von Objekten bedeuten.

Im vierten Fall ist k positiv. Nennen wir es h^2, wobei h die Dimension einer Geschwindigkeit hat. Dies ergibt eine durchaus mögliche Art von Transformationsformeln, , aber keine, die irgendwelche Erfahrungstatsachen erklärt. Sie hat noch einen weiteren Nachteil. Mit der Annahme dieses vierten Falles wird die Unterscheidung zwischen Raum und Zeit unangemessen verwischt. Der ganze Zweck dieser Vorlesungen bestand darin, die Lehre zu bekräftigen, dass Raum und Zeit einer gemeinsamen Wurzel entspringen, und dass die letzte Tatsache der Erfahrung eine Raum-Zeit-Tatsache ist. Aber die Menschheit unterscheidet doch sehr scharf zwischen Raum und Zeit, und gerade wegen dieser Schärfe der Unterscheidung ist die Lehre dieser Vorträge etwas paradox. In der dritten Annahme wird diese Unterscheidungsschärfe nun adäquat gewahrt. Es gibt einen grundlegenden Unterschied zwischen den metrischen Eigenschaften von Punktspuren und Rechtecken. Aber in der vierten Annahme verschwindet diese grundlegende Unterscheidung.

Weder die dritte noch die vierte Annahme können mit der Erfahrung übereinstimmen, es sei denn, wir nehmen an, dass die Geschwindigkeit c der dritten Annahme und die Geschwindigkeit h der vierten Annahme im Vergleich zu den Geschwindigkeiten der gewöhnlichen Erfahrung extrem groß sind. Wenn dies der Fall ist, reduzieren sich die Formeln der beiden Annahmen offensichtlich auf eine enge Annäherung an die Formeln der zweiten Annahme, die die gewöhnlichen Formeln der dynamischen Lehrbücher sind. Um einen Namen zu haben, werde ich diese Lehrbuchformeln die "orthodoxen" Formeln nennen.

Die allgemeine ungefähre Richtigkeit der orthodoxen Formeln steht außer Frage. Es wäre einfach nur dumm, in diesem Punkt Zweifel zu äußern. Aber die Bestimmung des Status dieser Formeln ist mit diesem Eingeständnis keineswegs erledigt. Die Unabhängigkeit von Zeit und Raum ist eine unbestrittene Voraussetzung des orthodoxen Denkens, das die orthodoxen Formeln hervorgebracht hat. Unter dieser Voraussetzung und angesichts der absoluten Punkte des einen absoluten Raums sind die orthodoxen Formeln unmittelbare Ableitungen. Dementsprechend werden diese Formeln unserer Vorstellungskraft als Tatsachen präsentiert, die nicht anders sein können, da Zeit und Raum das sind, was sie sind. Die orthodoxen Formeln haben daher den Status von Notwendigkeiten erlangt, die in der Wissenschaft nicht in Frage gestellt werden können. Jeder Versuch, diese Formeln durch andere zu ersetzen, bedeutete, die *Rolle* der physikalischen Erklärung aufzugeben und auf bloße mathematische Formeln zurückzugreifen.

Aber auch in der physikalischen Wissenschaft haben sich Schwierigkeiten mit den orthodoxen Formeln angesammelt. Erstens sind die Maxwellschen Gleichungen des elektromagnetischen Feldes nicht invariant für die Umformungen der orthodoxen Formeln, während sie für die Umformungen der Formeln, die sich aus dem dritten der vier oben genannten Fälle ergeben, invariant sind, vorausgesetzt, dass die Geschwindigkeit c mit einer berühmten elektromagnetischen Konstante identifiziert wird.

Auch die Null-Ergebnisse der heiklen Experimente zum Nachweis der Bewegungsschwankungen der Erde durch den Äther auf ihrer Umlaufbahn werden unmittelbar durch die Formeln des dritten Falles erklärt. Aber wenn wir die orthodoxen Formeln annehmen, müssen wir eine besondere und willkürliche Annahme bezüglich der Kontraktion der Materie während der Bewegung machen. Ich meine die Fitzgerald-Lorentz-Annahme.

Der Fresnelsche Widerstandskoeffizient schließlich, der die Veränderung der Lichtgeschwindigkeit in einem sich bewegenden Medium darstellt, wird durch die Formeln des dritten Falls erklärt und erfordert eine weitere willkürliche Annahme, wenn wir die orthodoxen Formeln verwenden.

Es scheint also, dass die Formeln des dritten Falles allein auf der Grundlage der physikalischen Erklärung Vorteile gegenüber den orthodoxen Formeln haben. Aber der Weg ist versperrt durch den tief verwurzelten Glauben, dass diese letzteren Formeln einen Charakter der Notwendigkeit besitzen. Es ist daher ein dringendes Erfordernis für die physikalische Wissenschaft und für die Philosophie, die Gründe für diese angebliche Notwendigkeit kritisch zu untersuchen. Die einzige befriedigende Methode der Untersuchung besteht darin, zu den ersten Prinzipien unserer Naturerkenntnis zurückzukehren. Genau darum bemühe ich mich in diesen Vorlesungen. Ich frage, was wir in unserer Sinneswahrnehmung der Natur wahrnehmen. Dann untersuche ich die Faktoren in der Natur, die uns dazu veranlassen, die Natur als raumgreifend und zeitbeständig zu begreifen. Dieses Vorgehen hat uns zu einer Untersuchung des Charakters von Raum und Zeit geführt. Aus diesen Untersuchungen ergibt sich, dass die Formeln des dritten Falles und die orthodoxen Formeln als mögliche Formeln, die sich aus dem Grundcharakter unserer Naturerkenntnis ergeben, gleichwertig sind. Die orthodoxen Formeln haben damit den Vorteil der Notwendigkeit, den sie gegenüber der seriellen Gruppe hatten, verloren. Es ist also möglich, sich für diejenige der beiden Gruppen zu entscheiden, die am besten mit den Beobachtungen übereinstimmt.

Ich nutze diese Gelegenheit, um den Verlauf meiner Argumentation für einen Moment zu unterbrechen und über den allgemeinen Charakter nachzudenken, den meine Lehre einigen bekannten Begriffen der Wissenschaft zuschreibt. Ich zweifle nicht daran, dass einige von Ihnen den Eindruck hatten, dass dieser Charakter in gewisser Hinsicht sehr paradox ist.

Diese Paradoxie ist zum Teil darauf zurückzuführen, dass die gebildete Sprache an die vorherrschende orthodoxe Theorie angepasst wurde. So sind wir bei der Darlegung einer alternativen Lehre gezwungen, entweder fremde Begriffe oder vertraute Wörter mit ungewöhnlichen Bedeutungen zu verwenden. Dieser Sieg der orthodoxen Theorie über die Sprache ist ganz natürlich. Ereignisse werden nach den prominenten Objekten benannt, die sich in ihnen befinden, und so sinkt das Ereignis sowohl in der Sprache als auch im Denken hinter das Objekt und wird zum bloßen Spiel seiner Beziehungen. Die Theorie des Raumes wird dann in eine Theorie der Beziehungen von Objekten umgewandelt, anstatt in eine Theorie der Beziehungen von Ereignissen. Aber Objekte haben nicht den Verlauf von Ereignissen. Dementsprechend ist der Raum als Beziehung zwischen den Objekten frei von jeglicher Verbindung mit der Zeit. Er ist Raum zu einem bestimmten Zeitpunkt ohne bestimmte Beziehungen zwischen den Räumen zu aufeinanderfolgenden Zeitpunkten. Er kann kein zeitloser Raum sein, weil sich die Beziehungen zwischen den Objekten ändern.

Als ich vor einigen Minuten von der Herleitung der orthodoxen Formeln für die Relativbewegung sprach, sagte ich, dass sie sich unmittelbar aus der Annahme absoluter Punkte im absoluten Raum ableiten. Dieser Hinweis auf den absoluten Raum war kein Versehen. Ich weiß, dass die Lehre von der Relativität des Raumes gegenwärtig sowohl in der Wissenschaft als auch in der Philosophie das Feld beherrscht. Aber ich glaube nicht, dass ihre unvermeidlichen Konsequenzen verstanden werden. Wenn wir uns ihnen wirklich stellen, wird das Paradoxon der Darstellung des Charakters des Raumes, das ich ausgearbeitet habe, stark abgeschwächt. Wenn es keine absolute Position gibt, muss ein Punkt aufhören, eine einfache Einheit zu sein. Was für einen Mann in einem Ballon, dessen Augen auf ein Instrument gerichtet sind, ein Punkt ist, ist für einen Beobachter auf der Erde, der den Ballon durch ein Fernrohr beobachtet, eine Spur von Punkten, und für einen Beobachter auf der Sonne, der den Ballon durch ein für ein solches Wesen geeignetes Instrument beobachtet, eine andere Spur von Punkten. Wenn mir also das Paradoxon meiner Theorie der Punkte als Klassen von Ereignis-Teilchen und meiner Theorie der Ereignis-Teilchen als Gruppen von abstrakten Mengen vorgeworfen wird, bitte ich meinen Kritiker, genau zu erklären, was er mit einem Punkt meint. Wenn Sie Ihre Bedeutung von irgendetwas erklären, egal wie einfach es auch sein mag, wird es immer subtil und fein gesponnen aussehen. Ich habe zumindest genau erklärt, was ich unter einem Punkt verstehe, welche Relationen er beinhaltet und welche Entitäten die Relata sind. Wenn Sie die Relativität des Raums zugeben, müssen Sie auch zugeben, dass Punkte komplexe Gebilde sind, logische Konstrukte, die andere Gebilde und deren Beziehungen einschließen. Legen Sie Ihre Theorie vor, und zwar nicht in ein paar vagen Phrasen von unbestimmter Bedeutung, sondern erläutern Sie sie Schritt für Schritt in eindeutigen Begriffen, die sich auf zugewiesene Relationen und zugewiesene Relata beziehen. Zeigen Sie auch, dass Ihre Theorie der Punkte auf eine Theorie des Raumes hinausläuft. Beachten Sie ferner, dass das Beispiel des Mannes im Ballon, des Beobachters auf der Erde und des Beobachters in der Sonne zeigt, dass jede Annahme der relativen Ruhe einen zeitlosen Raum mit radikal anderen Punkten erfordert als die, die sich aus jeder anderen solchen Annahme ergeben. Die Theorie der Relativität des Raumes ist unvereinbar mit jeder Lehre von einem einzigen Satz von Punkten eines zeitlosen Raumes.

Es gibt nämlich kein Paradoxon in meiner Lehre von der Natur des Raumes, das nicht im Wesentlichen in der Relativitätstheorie des Raumes enthalten ist. Aber diese Lehre hat sich in der Wissenschaft nie wirklich durchgesetzt, egal was man sagt. Was in unseren dynamischen Abhandlungen auftaucht, ist die Newtonsche Lehre von der relativen Bewegung, die auf der Lehre von der differentiellen Bewegung im absoluten Raum beruht. Wenn man einmal zugibt, dass die Punkte bei unterschiedlichen Annahmen der Ruhe radikal unterschiedliche Entitäten sind, dann verlieren die orthodoxen Formeln ihre ganze Offensichtlichkeit.

Sie waren nur deshalb offensichtlich, weil man in Wirklichkeit an etwas anderes gedacht hat. Bei der Erörterung dieses Themas können Sie Paradoxie nur vermeiden, indem Sie sich vor der Flut der Kritik in die bequeme Arche der Bedeutungslosigkeit flüchten.

Die neue Theorie liefert eine Definition der Kongruenz von Zeiträumen. Die vorherrschende Ansicht bietet keine solche Definition. Sie vertritt den Standpunkt, dass die Bewegungsgesetze wahr sind, wenn wir die Zeit so messen, dass bestimmte bekannte Geschwindigkeiten, die uns gleichförmig erscheinen, auch gleichförmig sind. Nun kann aber erstens keine Veränderung als gleichförmig oder ungleichförmig erscheinen, ohne dass eine eindeutige Bestimmung der Kongruenz der Zeitperioden erforderlich ist. Indem sie sich also auf bekannte Phänomene beruft, lässt sie zu, dass es einen Faktor in der Natur gibt, den wir intellektuell als Kongruenztheorie konstruieren können. Sie sagt jedoch nichts darüber aus, außer dass die Gesetze der Bewegung dann wahr sind. Nehmen wir an, dass wir bei einigen Auslegern den Bezug auf bekannte Geschwindigkeiten wie die Rotationsgeschwindigkeit der Erde herausschneiden. Dann müssen wir zugeben, dass die zeitliche Kongruenz keinen anderen Sinn hat als den, dass bestimmte Annahmen die Bewegungsgesetze wahr machen. Eine solche Aussage ist historisch falsch. König Alfred der Große kannte die Gesetze der Bewegung nicht, wusste aber sehr wohl, was er mit der Messung der Zeit meinte, und erreichte sein Ziel mit Hilfe brennender Kerzen. Auch rechtfertigte niemand in vergangenen Zeiten die Verwendung von Sand in Stundengläsern damit, dass einige Jahrhunderte später interessante Bewegungsgesetze entdeckt würden, die der Aussage, dass der Sand in gleichen Zeitabständen aus den Gläsern geleert wurde, einen Sinn geben würden. Die Gleichförmigkeit der Veränderung wird direkt wahrgenommen, und daraus folgt, dass der Mensch in der Natur Faktoren wahrnimmt, aus denen eine Theorie der zeitlichen Kongruenz gebildet werden kann. Die vorherrschende Theorie liefert solche Faktoren überhaupt nicht.

Die Erwähnung der Bewegungsgesetze wirft einen weiteren Punkt auf, zu dem die vorherrschende Theorie nichts zu sagen hat und die neue Theorie eine vollständige Erklärung liefert. Es ist bekannt, dass die Bewegungsgesetze nicht für beliebige Bezugsachsen gelten, die man in einem beliebigen starren Körper festsetzen kann. Man muss einen Körper wählen, der sich nicht dreht und keine Beschleunigung erfährt. So gelten sie zum Beispiel nicht für Achsen, die auf der Erde fixiert sind, weil diese sich täglich dreht. Das Gesetz, das versagt, wenn man die falschen Achsen als ruhend annimmt, ist das dritte Gesetz, dass Aktion und Reaktion gleich und entgegengesetzt sind. Bei falschen Achsen treten unkompensierte Zentrifugalkräfte und unkompensierte zusammengesetzte Zentrifugalkräfte aufgrund der Rotation auf. Der Einfluss dieser Kräfte lässt sich anhand zahlreicher Tatsachen auf der Erdoberfläche, dem Foucaultschen Pendel, der Form der Erde, den festen Drehrichtungen von Wirbelstürmen und Antizyklonen nachweisen. Es ist schwer, die Behauptung ernst zu nehmen, dass diese häuslichen Phänomene auf der Erde auf den Einfluss der Fixsterne zurückzuführen sind. Ich kann mich nicht dazu durchringen, zu glauben, dass ein kleiner Stern in seinem Funkeln das Foucaultsche Pendel in der Pariser Ausstellung von 1861 umdrehte. Natürlich ist alles glaubhaft, wenn ein eindeutiger physikalischer Zusammenhang nachgewiesen ist, zum Beispiel der Einfluss von Sonnenflecken. Hier fehlt jeder Beweis in Form einer kohärenten Theorie. Nach der Theorie dieser Vorlesungen sind die Achsen, auf die sich die Bewegung beziehen soll, ruhende Achsen im Raum eines Zeitsystems. Betrachten wir zum Beispiel den Raum eines Zeitsystems α. Im Raum von α gibt es Mengen ruhender Achsen. Diese sind geeignete dynamische Achsen. Auch eine Achsenmenge in diesem Raum, die sich mit gleichmäßiger Geschwindigkeit ohne Rotation bewegt, ist eine weitere geeignete Menge. Alle sich bewegenden Punkte, die in diesen sich bewegenden Achsen fixiert sind, ziehen tatsächlich parallele Linien mit einer einheitlichen Geschwindigkeit. Die für die Newtonschen Bewegungsgesetze erforderliche Gruppe dynamischer Achsen ergibt sich also aus der Notwendigkeit, die Bewegung auf einen ruhenden Körper im Raum eines Zeitsystems zu beziehen, um eine kohärente Beschreibung der physikalischen Eigenschaften zu erhalten. Wenn wir dies nicht tun, hat die Bewegung eines Teils unserer physikalischen Konfiguration eine andere Bedeutung als die Bewegung eines anderen Teils derselben Konfiguration. Um die Bewegung eines beliebigen Systems von Objekten zu beschreiben, ohne dass sich die Bedeutung der Begriffe im Laufe der Beschreibung ändert, muss man also zwangsläufig einen dieser Achsensätze als Bezugsachse nehmen, obwohl man ihre Spiegelungen in den Raum eines beliebigen Zeitsystems wählen kann, das man annehmen möchte. Die besondere Eigenschaft der dynamischen Achsengruppe hat damit eine eindeutige physikalische Begründung.

In der orthodoxen Theorie ist die Position der Bewegungsgleichungen höchst zweideutig. Der Raum, auf den sie sich beziehen, ist völlig unbestimmt, ebenso wie die Messung des Zeitablaufs. Die Wissenschaft macht sich einfach auf die Suche, um herauszufinden, ob sie nicht irgendein Verfahren finden kann, das sie die Messung des Raumes nennen kann, und irgendein Verfahren, das sie die Messung der Zeit nennen kann, und etwas, das sie ein System von Kräften nennen kann, und etwas, das sie Massen nennen kann, damit diese Formeln erfüllt werden können. Der einzige Grund, warum jemand diese Formeln erfüllen will, ist eine sentimentale Wertschätzung für Galilei, Newton, Euler und Lagrange. Diese Theorie, die weit davon entfernt ist, die Wissenschaft auf eine solide Beobachtungsgrundlage zu stellen, zwingt alles dazu, sich an eine rein mathematische Vorliebe für bestimmte einfache Formeln anzupassen.

Ich glaube nicht einen Moment lang, dass dies eine wahre Darstellung des tatsächlichen Status der Bewegungsgesetze ist. Diese Gleichungen bedürfen einer leichten Anpassung an die neuen Formeln der Relativitätstheorie. Aber mit diesen Anpassungen, die im normalen Gebrauch nicht wahrnehmbar sind, befassen sich die Gesetze mit grundlegenden physikalischen Größen, die wir sehr gut kennen und in Beziehung setzen wollen.

Die Messung der Zeit war allen zivilisierten Völkern bekannt, lange bevor die Gesetze erdacht wurden. Um diese so gemessene Zeit geht es in den Gesetzen. Sie befassen sich auch mit dem Raum unseres täglichen Lebens. Wenn wir uns einer Messgenauigkeit nähern, die über die der Beobachtung hinausgeht, ist eine Anpassung zulässig. Aber innerhalb der Grenzen der Beobachtung wissen wir, was wir meinen, wenn wir von Messungen des Raums und der Zeit und der Gleichförmigkeit der Veränderung sprechen. Es ist Sache der Wissenschaft, eine intellektuelle Erklärung für das zu geben, was in der Sinneswahrnehmung so offensichtlich ist. Es ist für mich völlig unglaublich, dass die ultimative Tatsache, über die hinaus es keine tiefere Erklärung gibt, darin besteht, dass die Menschheit wirklich von einem unbewussten Wunsch beherrscht wurde, die mathematischen Formeln zu erfüllen, die wir die Gesetze der Bewegung nennen, Formeln, die bis zum siebzehnten Jahrhundert unserer Epoche völlig unbekannt waren.

Die Korrelation der Tatsachen der Sinneserfahrung, die durch die alternative Darstellung der Natur bewirkt wird, geht über die physikalischen Eigenschaften der Bewegung und die Eigenschaften der Kongruenz hinaus. Sie erklärt die Bedeutung der geometrischen Einheiten wie Punkte, Geraden und Volumen und verbindet die verwandten " Ideen der Ausdehnung in der Zeit und der Ausdehnung im Raum. Die Theorie erfüllt den eigentlichen Zweck einer intellektuellen Erklärung auf dem

Gebiet der Naturphilosophie. Dieser Zweck besteht darin, die Zusammenhänge der Natur aufzuzeigen und zu zeigen, dass eine Gruppe von Bestandteilen der Natur für die Darstellung ihres Charakters die Anwesenheit der anderen Gruppen von Bestandteilen erfordert.

Die falsche Vorstellung, mit der wir aufräumen müssen, ist die von der Natur als einem bloßen Aggregat unabhängiger Entitäten, von denen jede für sich isoliert werden kann. Nach dieser Vorstellung kommen diese Wesenheiten, deren Charaktere isoliert zu definieren sind, zusammen und bilden durch ihre zufälligen Beziehungen das System der Natur. Dieses System ist also durch und durch zufällig; und selbst wenn es einem mechanischen Schicksal unterworfen ist, ist es nur zufällig so unterworfen.

Nach dieser Theorie könnte der Raum ohne die Zeit und die Zeit ohne den Raum sein. Die Theorie bricht freilich zusammen, wenn es um die Beziehungen von Materie und Raum geht. Die relationale Theorie des Raums ist ein Eingeständnis, dass wir weder den Raum ohne die Materie noch die Materie ohne den Raum kennen können. Aber die Abgeschiedenheit beider von der Zeit wird immer noch eifersüchtig bewacht. Die Beziehungen zwischen den Teilen der Materie im Raum sind zufällige Tatsachen, da es keine kohärente Erklärung dafür gibt, wie der Raum aus der Materie oder die Materie aus dem Raum entsteht. Auch das, was wir in der Natur wirklich beobachten, ihre Farben, ihre Töne und ihre Berührungen, sind sekundäre Qualitäten; mit anderen Worten, sie sind gar nicht in der Natur, sondern zufällige Produkte der Beziehungen zwischen Natur und Geist.

Die Erklärung der Natur, die ich als alternatives Ideal zu dieser akzidentellen Sicht der Natur vorschlage, ist, dass nichts in der Natur so sein kann, wie es ist, außer als Bestandteil der Natur, wie sie ist. Das Ganze, das zur Unterscheidung vorhanden ist, wird in der Sinneswahrnehmung als notwendig für die unterschiedenen Teile postuliert. Ein isoliertes Ereignis ist kein Ereignis, denn jedes Ereignis ist ein Faktor in einem größeren Ganzen und hat eine Bedeutung für dieses Ganze. Es kann keine Zeit ohne den Raum geben, keinen Raum ohne die Zeit und keinen Raum und keine Zeit ohne den Ablauf der Naturereignisse. Die Isolierung einer Entität im Denken, wenn wir sie als ein bloßes "es" betrachten, hat keine Entsprechung in einer entsprechenden Isolierung in der Natur. Eine solche Isolierung ist lediglich ein Teil des Verfahrens der intellektuellen Erkenntnis.

Die Naturgesetze sind das Ergebnis der Eigenschaften der Wesenheiten, die wir in der Natur finden. Da die Wesenheiten so sind, wie sie sind, müssen auch die Gesetze so sein, wie sie sind; und umgekehrt folgen die Wesenheiten aus den Gesetzen. Wir sind noch weit davon entfernt, ein solches Ideal zu erreichen, aber es bleibt das bleibende Ziel der theoretischen Wissenschaft.

KAPITEL VII
GEGENSTÄNDE

Die folgende Vorlesung befasst sich mit der Theorie der Objekte. Objekte sind Elemente in der Natur, die nicht vergehen. Das Bewusstsein eines Objekts als eines Faktors, der nicht am Lauf der Natur teilnimmt, nenne ich "Erkennen". Es ist unmöglich, ein Ereignis zu erkennen, denn ein Ereignis unterscheidet sich wesentlich von jedem anderen Ereignis. Das Erkennen ist ein Bewusstsein der Gleichheit. Aber Anerkennung als Bewusstsein der Gleichheit zu bezeichnen, impliziert einen intellektuellen Akt des Vergleichs, der mit einem Urteil einhergeht. Ich verwende den Begriff des Erkennens für die nicht-intellektuelle Beziehung der Sinneswahrnehmung, die den Verstand mit einem Faktor der Natur ohne Übergang verbindet. Auf der intellektuellen Seite der Erfahrung des Geistes gibt es Vergleiche der erkannten Dinge und daraus folgende Urteile über Gleichheit oder Verschiedenheit. Wahrscheinlich wäre "Sinneserkenntnis" ein besserer Begriff für das, was ich mit "Erkennen" meine. Ich habe den einfacheren Begriff gewählt, weil ich glaube, dass ich die Verwendung von "Anerkennung" in einer anderen Bedeutung als der von "Sinneserkennung" vermeiden kann. Ich bin durchaus bereit zu glauben, dass das Erkennen in meinem Sinne nur eine ideale Grenze darstellt und dass es in Wirklichkeit kein Erkennen ohne die intellektuellen Begleiterscheinungen des Vergleichs und des Urteils gibt. Aber das Erkennen ist die Beziehung des Geistes zur Natur, die das Material für die intellektuelle Tätigkeit liefert.

Ein Objekt ist eine Zutat für den Charakter eines Ereignisses. In der Tat ist der Charakter eines Ereignisses nichts anderes als die Objekte, die Bestandteil des Ereignisses sind, und die Art und Weise, wie diese Objekte in das Ereignis eindringen, . Die Theorie der Objekte ist also die Theorie des Vergleichs von Ereignissen. Ereignisse sind nur vergleichbar, weil sie Permanenzen hervorbringen. Wir vergleichen Objekte in Ereignissen immer dann, wenn wir sagen können: "Da ist es wieder. Objekte sind die Elemente in der Natur, die "wieder sein" können.

Manchmal lassen sich Dauerhaftigkeiten nachweisen, die sich der Anerkennung in dem Sinne entziehen, in dem ich diesen Begriff verwende. Die Permanenzen, die sich der Anerkennung entziehen, erscheinen uns als abstrakte Eigenschaften von Ereignissen oder Gegenständen. Trotzdem sind sie da, um erkannt zu werden, obwohl sie in unserer Sinneswahrnehmung nicht unterschieden werden. Die Abgrenzung der Ereignisse, die Aufteilung der Natur in Teile erfolgt durch die Gegenstände, die wir als ihre Bestandteile erkennen. Die Unterscheidung der Natur ist das Erkennen von Objekten inmitten der vorübergehenden Ereignisse. Sie setzt sich zusammen aus dem Bewußtsein des Vorübergehens der Natur, der sich daraus ergebenden Teilung der Natur und der Bestimmung bestimmter Teile der Natur durch die Art und Weise des Eindringens von Gegenständen in sie.

Sie haben vielleicht bemerkt, dass ich den Begriff "Ingression" verwende, um die allgemeine Beziehung von Objekten zu Ereignissen zu bezeichnen. Die Ingression eines Objekts in ein Ereignis ist die Art und Weise, wie sich der Charakter des Ereignisses aufgrund des Wesens des Objekts formt. Das Ereignis ist nämlich das, was es ist, weil das Objekt das ist, was es ist; und wenn ich an diese Veränderung des Ereignisses durch das Objekt denke, nenne ich die Beziehung zwischen den beiden "die Ingression des Objekts in das Ereignis". Genauso richtig ist es zu sagen, dass die Objekte sind, was sie sind, weil die Ereignisse sind, was sie sind. Es liegt in der Natur der Sache, dass es keine Ereignisse und keine Objekte geben kann, ohne dass die Objekte in die Ereignisse eingehen. Allerdings gibt es Ereignisse, bei denen sich die Bestandteile der Objekte unserer Wahrnehmung entziehen. Das sind die Ereignisse im leeren Raum. Solche Ereignisse werden für uns nur durch die intellektuelle Erforschung der Wissenschaft analysiert.

Die Ingression ist eine Beziehung, die verschiedene Formen hat. Es gibt offensichtlich sehr verschiedene Arten von Objekten, und keine Art von Objekt kann dieselbe Art von Beziehungen zu Ereignissen haben wie Objekte einer anderen Art. Wir werden einige der verschiedenen Arten der Ingression analysieren müssen, die verschiedene Arten von Objekten zu Ereignissen haben.

Aber selbst wenn wir uns an ein und dieselbe Art von Objekten halten, hat ein Objekt dieser Art verschiedene Arten, in verschiedene Ereignisse einzutreten. Wissenschaft und Philosophie haben sich oft in der einfältigen Theorie verstrickt, dass ein Objekt zu einem bestimmten Zeitpunkt an einem bestimmten Ort ist und nirgendwo anders. Dies ist in der Tat die Haltung des gesunden Menschenverstandes, wenn auch nicht die Haltung der Sprache, die die Tatsachen der Erfahrung naiv zum Ausdruck bringt.

122

Jeder zweite Satz in einem literarischen Werk, das versucht, die Tatsachen der Erfahrung wahrheitsgetreu zu interpretieren, drückt Unterschiede in den umgebenden Ereignissen aus, die auf die Anwesenheit eines Objekts zurückzuführen sind. Ein Objekt ist in seiner gesamten Umgebung Bestandteil, und seine Umgebung ist unbestimmt. Auch die Veränderung von Ereignissen durch Ingression ist anfällig für quantitative Unterschiede. Schließlich sind wir daher gezwungen zuzugeben, dass jedes Objekt in gewisser Weise Bestandteil der gesamten Natur ist, auch wenn seine Ingression quantitativ irrelevant für den Ausdruck unserer individuellen Erfahrungen sein mag.

Dieses Eingeständnis ist weder in der Philosophie noch in der Wissenschaft neu. Es ist offensichtlich ein notwendiges Axiom für jene Philosophen, die darauf bestehen, dass die Realität ein System ist. In diesen Vorlesungen halten wir uns von der tiefgreifenden und schwierigen Frage fern, was wir mit "Realität" meinen. Ich bleibe bei der bescheideneren These, dass die Natur ein System ist. Aber ich nehme an, dass in diesem Fall das Geringere aus dem Größeren folgt, und dass ich die Unterstützung dieser Philosophen beanspruchen kann. Dieselbe Doktrin ist im Wesentlichen in alle modernen physikalischen Spekulationen eingewoben. Bereits 1847 bemerkte Faraday in einem Aufsatz im *Philosophical Magazine*, dass seine Theorie der Kraftröhren impliziert, dass eine elektrische Ladung in gewisser Weise überall vorhanden ist. Die Veränderung des elektromagnetischen Feldes an jedem Punkt des Raumes zu jedem Zeitpunkt aufgrund der Vorgeschichte jedes Elektrons ist eine andere Art, dieselbe Tatsache auszudrücken. Wir können jedoch die Lehre durch die vertrauteren Tatsachen des Lebens illustrieren, ohne auf die abstrusen Spekulationen der theoretischen Physik zurückzugreifen.

Die Wellen, die an die Küste Cornwalls rollen, erzählen von einem Sturm im Mittelatlantik, und unser Abendessen zeugt vom Einzug des Kochs in den Speisesaal. Es ist offensichtlich, dass das Eindringen von Objekten in Ereignisse die Theorie der Verursachung einschließt. Ich ziehe es vor, diesen Aspekt der Ingression zu vernachlässigen, weil die Kausalität die Erinnerung an Diskussionen weckt, die auf Theorien der Natur beruhen, die mir fremd sind. Außerdem glaube ich, dass ein neuer Blick auf das Thema geworfen werden kann, wenn man es unter diesem neuen Aspekt betrachtet.

Die Beispiele, die ich für das Eintreten von Objekten in Ereignisse angeführt habe, erinnern uns daran, dass das Eintreten bei einigen Ereignissen eine besondere Form annimmt; in gewisser Weise ist es eine konzentriertere Form. Das Elektron zum Beispiel hat eine bestimmte Position im Raum und eine bestimmte Form. Vielleicht ist es eine extrem kleine Kugel in einem bestimmten Reagenzglas . Der Sturm ist ein Orkan in der Mitte des Atlantiks mit einem bestimmten Breiten- und Längengrad, und der Koch ist in der Küche. Ich werde diese besondere Form der Ingression als "Situationsbeziehung" bezeichnen; durch eine doppelte Verwendung des Wortes "Situation" werde ich das Ereignis, in dem sich ein Objekt befindet, auch "die Situation des Objekts" nennen. Eine Situation ist also ein Ereignis, das ein Relatum in der Relation der Situation ist. Unser erster Eindruck ist nun, dass wir endlich zu der einfachen, schlichten Tatsache gekommen sind, wo sich das Objekt wirklich befindet; und dass die vagere Beziehung, die ich Ingression nenne, nicht mit der Situationsbeziehung verwechselt werden sollte, als ob sie als ein besonderer Fall eingeschlossen wäre. Es scheint so offensichtlich zu sein, dass sich ein Gegenstand an einer bestimmten Stelle befindet und dass er andere Ereignisse in einem ganz anderen Sinne beeinflusst. Ein Gegenstand ist nämlich in gewissem Sinne der Charakter des Ereignisses, das seine Situation ist, aber er beeinflusst nur den Charakter anderer Ereignisse. Daher sind die Beziehungen zwischen Situation und Beeinflussung im Allgemeinen nicht dieselbe Art von Beziehung und sollten nicht unter demselben Begriff "Ingression" subsumiert werden. Ich glaube, dass dieser Begriff ein Fehler ist und dass es unmöglich ist, eine klare Unterscheidung zwischen den beiden Beziehungen zu treffen.

Zum Beispiel: Wo waren Ihre Zahnschmerzen? Sie sind zum Zahnarzt gegangen und haben ihn auf den Zahn hingewiesen. Er stellte fest, dass er völlig in Ordnung war, und heilte Sie, indem er einen anderen Zahn entfernte. Welcher Zahn war die Ursache der Zahnschmerzen? Wiederum wird einem Mann ein Arm amputiert, und er hat Empfindungen in der Hand, die er verloren hat. Die Situation der imaginären Hand ist in Wirklichkeit nur dünne Luft. Sie schauen in einen Spiegel und sehen ein Feuer. Die Flammen, die Sie sehen, befinden sich hinter dem Spiegel. Wiederum schauen Sie nachts in den Himmel; wenn einige der Sterne schon vor Stunden verschwunden wären, wären Sie nicht viel klüger. Sogar die Lage der Planeten unterscheidet sich von der, die die Wissenschaft ihnen zuordnen würde.

Jedenfalls ist man versucht auszurufen, die Köchin sei in der Küche. Wenn Sie ihren Geist meinen, werde ich Ihnen in diesem Punkt nicht zustimmen, denn ich spreche nur von der Natur. Denken wir nur an ihre körperliche Anwesenheit. Was meinen Sie mit diesem Begriff? Wir beschränken uns auf typische Manifestationen davon. Man kann sie sehen, berühren und hören. Aber die Beispiele, die ich Ihnen gegeben habe, zeigen, dass die Vorstellungen von den Situationen dessen, was Sie sehen, was Sie berühren und was Sie hören, nicht so scharf voneinander getrennt sind, dass sie sich einer weiteren Befragung entziehen. Man kann nicht an der Vorstellung festhalten, dass wir zwei Arten von Naturerfahrungen haben, eine von primären Qualitäten, die zu den wahrgenommenen Objekten gehören, und eine von sekundären Qualitäten, die die Produkte unserer geistigen Erregungen sind. Alles, was wir von der Natur wissen, sitzt im selben Boot, um gemeinsam zu schwimmen oder zu untergehen. Die Konstruktionen der Wissenschaft sind lediglich Darstellungen der Eigenschaften der wahrgenommenen Dinge. Zu behaupten, dass die Köchin ein bestimmter Tanz von Molekülen und Elektronen ist, bedeutet demnach lediglich zu behaupten, dass die Dinge um sie herum, die wahrnehmbar sind, bestimmte Eigenschaften haben. Die Situationen der wahrgenommenen Manifestationen ihrer körperlichen Anwesenheit haben nur eine sehr allgemeine Beziehung zu den Situationen der Moleküle, die durch die Diskussion der Wahrnehmungsumstände zu bestimmen sind.

Bei der Erörterung des Verhältnisses von Situation im Besonderen und Ingression im Allgemeinen ist zunächst festzustellen, dass es sich bei den Objekten um völlig unterschiedliche Typen handelt. Für jeden Typus haben die Begriffe "Situation" und "Ingression" eine eigene, besondere Bedeutung, die sich von den Bedeutungen für die anderen Typen unterscheidet, auch wenn Zusammenhänge aufgezeigt werden können. Es ist daher notwendig, bei der Erörterung dieser Begriffe zu bestimmen, um welche Art von Objekten es sich handelt. Ich denke, es gibt eine unbestimmte Anzahl von Arten von Objekten. Glücklicherweise müssen wir nicht an sie alle denken. Der Begriff der Situation hat seine besondere Bedeutung in Bezug auf drei Arten von Objekten, die ich Sinnesobjekte, Wahrnehmungsobjekte und wissenschaftliche Objekte nenne. Die Eignung dieser Namen für die drei Arten ist von geringer Bedeutung, solange es mir gelingt, zu erklären, was ich damit meine.

Diese drei Typen bilden eine aufsteigende Hierarchie, in der jedes Glied den darunter liegenden Typus voraussetzt. Die Basis der Hierarchie wird von den Sinnesobjekten gebildet. Diese Objekte setzen keine andere Art von Objekten voraus. Ein Sinnesobjekt ist ein Faktor der Natur, der vom Sinnesbewusstsein postuliert wird und der (i), da er ein Objekt ist, nicht am Gang der Natur teilhat und (ii) keine Beziehung zwischen anderen Faktoren der Natur darstellt. Es ist natürlich ein Relatum in Beziehungen, die auch andere Naturfaktoren einbeziehen. Aber es ist immer ein Relatum und niemals die Beziehung selbst. Beispiele für Sinnesobjekte sind eine bestimmte Art von Farbe, z.B. Cambridge Blau, oder eine bestimmte Art von Klang, oder eine bestimmte Art von Geruch, oder eine bestimmte Art von Gefühl. Ich spreche nicht von einem bestimmten blauen Fleck, der in einer bestimmten Sekunde zu einem bestimmten Zeitpunkt gesehen wird. Ein solcher Fleck ist ein Ereignis, bei dem sich das Blau von Cambridge befindet. Ebenso spreche ich nicht von einem bestimmten Konzertsaal, der von der Note erfüllt ist. Ich spreche von der Note selbst und nicht von der Fläche, die der Ton für eine Zehntelsekunde ausfüllt. Es ist natürlich, dass wir an den Ton an sich denken, aber im Falle der Farbe neigen wir dazu, sie nur als eine Eigenschaft des Flecks zu betrachten. Niemand denkt an den Ton als eine Eigenschaft des Konzertsaals. Wir sehen das Blau und wir hören den Ton. Sowohl das Blau als auch der Ton werden unmittelbar durch die Unterscheidung des Sinnesbewusstseins, das den Verstand mit der Natur in Verbindung bringt, postuliert. Das Blau wird als in der Natur befindlich in Beziehung zu anderen Faktoren in der Natur gesetzt. Insbesondere steht es in der Beziehung, dass es sich in dem Ereignis befindet, das seine Situation ist.

Die Schwierigkeiten, die sich um die Situationsbeziehung ranken, rühren von der hartnäckigen Weigerung der Philosophen her, die Tatsache der multiplen Beziehungen ernst zu nehmen. Unter einer multiplen Beziehung verstehe ich eine Beziehung, die in jedem konkreten Fall ihres Auftretens notwendigerweise mehr als zwei Relata umfasst. Wenn zum Beispiel John Thomas mag, gibt es nur zwei Relata, John und Thomas. Aber wenn John Thomas dieses Buch schenkt, gibt es drei Relata: John, das Buch und Thomas.

Einige philosophische Schulen, die unter dem Einfluss der aristotelischen Logik und der aristotelischen Philosophie stehen, bemühen sich, ohne jegliche Beziehung außer der von Substanz und Attribut auszukommen. Nämlich alle scheinbaren Relationen sollen in die gleichzeitige Existenz von Substanzen mit kontrastierenden Attributen auflösbar sein. Es ist ziemlich offensichtlich, dass die Leibnizsche Monadologie das notwendige Ergebnis einer solchen Philosophie ist. Wenn man den Pluralismus ablehnt, wird es nur eine Monade geben.

Andere philosophische Schulen lassen Beziehungen zu, weigern sich aber hartnäckig, Beziehungen mit mehr als zwei Relata in Betracht zu ziehen. Ich glaube nicht, dass diese Einschränkung auf einer bestimmten Absicht oder Theorie beruht. Sie ergibt sich lediglich aus der Tatsache, dass kompliziertere Beziehungen für Menschen ohne angemessene mathematische Ausbildung ein Ärgernis darstellen, wenn sie in die Argumentation einbezogen werden.

Ich muss wiederholen, dass wir in diesen Vorträgen nichts mit dem endgültigen Charakter der Realität zu tun haben. Es ist durchaus möglich, dass es in der wahren Philosophie der Wirklichkeit nur einzelne Substanzen mit Attributen gibt, oder dass es nur Beziehungen mit Paaren von Relata gibt. Ich glaube nicht, dass dies der Fall ist, aber es geht mir jetzt nicht darum, darüber zu streiten. Unser Thema ist die Natur. Solange wir uns auf die Faktoren beschränken, die in der Sinneswahrnehmung der Natur postuliert werden, scheint es mir, dass es sicherlich Fälle von multiplen Beziehungen zwischen diesen Faktoren gibt, und dass die Relation der Situation für Sinnesobjekte ein Beispiel für solche multiplen Beziehungen ist.

Nehmen wir einen blauen Mantel, einen Flanellmantel in Cambridge-Blau, der einem Sportler gehört. Der Mantel selbst ist ein Wahrnehmungsobjekt und seine Situation ist nicht das, worüber ich spreche. Wir sprechen von der definitiven Sinneswahrnehmung von Cambridge-Blau als Teil eines Naturereignisses. Vielleicht sieht er den Mantel direkt an. Er sieht dann das Cambridge-Blau als praktisch in demselben Ereignis befindlich wie den Mantel in diesem Augenblick. Es ist wahr, dass das Blau, das er sieht, auf das Licht zurückzuführen ist, das den Mantel einige unvorstellbar kleine Bruchteile einer Sekunde zuvor verlassen hat. Dieser Unterschied wäre wichtig, wenn er auf einen Stern schauen würde, dessen Farbe Cambridge-Blau ist. Der Stern könnte schon vor Tagen oder sogar vor Jahren aufgehört haben zu existieren. Die Situation des Blaus wird dann nicht sehr eng mit der Situation (in einem anderen Sinne von "Situation") eines Wahrnehmungsobjekts verbunden sein. Diese Trennung zwischen der Situation des Blaus und der Situation eines zugehörigen Wahrnehmungsobjekts erfordert keinen Stern, um sie zu veranschaulichen. Ein beliebiger Spiegel reicht aus. Betrachten Sie den Mantel durch einen Spiegel. Dann wird das Blau als hinter dem Spiegel liegend gesehen. Das Ereignis, das seine Situation ist, hängt von der Position des Betrachters ab.

Die Sinneswahrnehmung des Blaus in einem bestimmten Ereignis, das ich die Situation nenne, zeigt sich also als Sinneswahrnehmung einer Beziehung zwischen dem Blau, dem wahrnehmenden Ereignis des Beobachters, der Situation und den dazwischenliegenden Ereignissen. Die ganze Natur ist in der Tat erforderlich, aber nur bestimmte dazwischen liegende Ereignisse erfordern, dass ihr Charakter von bestimmter Art ist. Das Eindringen des Blaus in die Naturereignisse zeigt sich somit als systematisch korreliert. Das Bewusstsein des Beobachters hängt von der Position des wahrnehmenden Ereignisses in dieser systematischen Korrelation ab. Für diese systematische Korrelation des Blaus mit der Natur verwende ich den Begriff "Ingression in die Natur". So ist das Eindringen von Blau in ein bestimmtes Ereignis eine Teilaussage über die Tatsache des Eindringens von Blau in die Natur.

In Bezug auf das Eindringen von Blau in die Natur können die Ereignisse grob in vier Klassen eingeteilt werden, die sich überschneiden und nicht sehr klar voneinander getrennt sind. Diese Klassen sind (i) die Wahrnehmungsereignisse, (ii) die Situationen, (iii) die aktiven konditionierenden Ereignisse, (iv) die passiven konditionierenden Ereignisse. Um diese Klassifizierung von Ereignissen in der allgemeinen Tatsache des Eindringens von Blau in die Natur zu verstehen, beschränken wir unsere Aufmerksamkeit auf eine Situation für ein Wahrnehmungsereignis und auf die sich daraus ergebenden *Rollen* der Konditionierungsereignisse für das so begrenzte Eindringen. Das wahrnehmende Ereignis ist der jeweilige Körperzustand des Betrachters. Die Situation ist die, in der er das Blau sieht, z.B. hinter dem Spiegel. Die aktiven Konditionierungsereignisse sind die Ereignisse, deren Charaktere besonders relevant dafür sind, dass das Ereignis (das die Situation ist) die Situation für dieses Wahrnehmungsereignis ist, nämlich der Mantel, der Spiegel und der Zustand des Raumes in Bezug auf Licht und Atmosphäre. Die passiven konditionierenden Ereignisse sind die Ereignisse der übrigen Natur.

128

Im Allgemeinen handelt es sich bei der Situation um ein aktives Konditionierungsereignis, nämlich den Mantel selbst, wenn es keinen Spiegel oder eine andere Vorrichtung gibt, die anormale Wirkungen hervorruft. Das Beispiel des Spiegels zeigt uns jedoch, dass die Situation ein passives Konditionierungsereignis sein kann. Wir sind dann geneigt zu sagen, dass unsere Sinne betrogen worden sind, weil wir mit Recht verlangen, dass die Situation eine aktive Bedingung in der Ingression sein sollte.

Diese Forderung ist nicht so unbegründet, wie sie in der von mir vorgetragenen Form erscheinen mag. Alles, was wir über den Charakter der Naturereignisse wissen, beruht auf der Analyse der Beziehungen zwischen den Situationen und den wahrnehmbaren Ereignissen. Wären Situationen nicht im Allgemeinen aktive Bedingungen, würde uns diese Analyse nichts sagen. Die Natur wäre für uns ein unergründliches Rätsel, und es könnte keine Wissenschaft geben. Daher ist die anfängliche Unzufriedenheit, wenn sich eine Situation als passiver Zustand herausstellt, in gewisser Weise gerechtfertigt; denn wenn so etwas zu oft vorkäme, wäre die *Rolle* des Intellekts beendet.

Darüber hinaus ist der Spiegel selbst die Situation anderer Sinnesobjekte, entweder für denselben Beobachter mit demselben Wahrnehmungsereignis oder für andere Beobachter mit anderen Wahrnehmungsereignissen. Somit ist die Tatsache, dass ein Ereignis eine Situation beim Eintritt einer Gruppe von Sinnesobjekten in die Natur ist, ein mutmaßlicher Beweis dafür, dass dieses Ereignis eine aktive Bedingung beim Eintritt anderer Sinnesobjekte in die Natur ist, die andere Situationen haben können.

Dies ist ein Grundprinzip der Wissenschaft, das sie vom gesunden Menschenverstand abgeleitet hat.

Ich wende mich nun den Wahrnehmungsobjekten zu. Wenn wir den Mantel betrachten, sagen wir im Allgemeinen nicht: "Da ist ein Fleck in Cambridge-Blau", sondern wir denken natürlich: "Da ist ein Mantel". Auch das Urteil, dass das, was wir gesehen haben, ein Kleidungsstück ist, ist ein Detail. Was wir wahrnehmen, ist ein anderes Objekt als ein bloßes Sinnesobjekt. Es ist kein bloßer Farbfleck, sondern etwas mehr; und es ist dieses etwas mehr, das wir als Mantel beurteilen. Ich werde das Wort "Mantel" als Bezeichnung für diesen groben Gegenstand verwenden, der mehr ist als ein Farbfleck, und zwar ohne jede Anspielung auf die

Beurteilung seiner Nützlichkeit als Kleidungsstück in der Vergangenheit oder in der Zukunft. Der Mantel, der wahrgenommen wird - in diesem Sinne des Wortes "Mantel" - ist das, was ich ein Wahrnehmungsobjekt nenne. Es gilt, den allgemeinen Charakter dieser Wahrnehmungsobjekte zu untersuchen.

Es ist ein Naturgesetz, dass im Allgemeinen die Situation eines Sinnesobjekts nicht nur die Situation dieses Sinnesobjekts für ein bestimmtes Wahrnehmungsereignis ist, sondern die Situation einer Vielzahl von Sinnesobjekten für eine Vielzahl von Wahrnehmungsereignissen. Zum Beispiel ist die Situation eines Sinnesobjekts des Sehens für ein bestimmtes Wahrnehmungsereignis auch die Situation der Sinnesobjekte des Sehens, des Tastsinns, des Geruchsinns und des Tonsinns. Darüber hinaus hat dieses Zusammentreffen der Situationen von Sinnesobjekten dazu geführt, dass sich der Körper - d.*h.* das wahrnehmende Ereignis - so angepasst hat, dass die Wahrnehmung eines Sinnesobjekts in einer bestimmten Situation zu einer unbewussten Sinneswahrnehmung anderer Sinnesobjekte in derselben Situation führt. Dieses Wechselspiel ist insbesondere zwischen Tastsinn und Sehsinn der Fall. Es besteht eine gewisse Korrelation zwischen den Eingriffen von Sinnesobjekten des Tastsinns und Sinnesobjekten des Sehsinns in die Natur, und in geringerem Maße auch zwischen den Eingriffen anderer Sinnesobjektpaare. Ich nenne diese Art der Korrelation die "Übertragung" eines Sinnesobjekts durch ein anderes. Wenn Sie den blauen Flanellmantel sehen, spüren Sie unbewusst, dass Sie ihn tragen oder anderweitig berühren. Wenn Sie Raucher sind, nehmen Sie vielleicht auch unbewusst den schwachen Duft von Tabak wahr. Die eigentümliche Tatsache, die diese Sinneswahrnehmung des Zusammentreffens unbewusster Sinnesobjekte mit einem oder mehreren dominierenden Sinnesobjekten in der gleichen Situation voraussetzt, ist die Sinneswahrnehmung des Wahrnehmungsobjekts. Das Wahrnehmungsobjekt ist nicht in erster Linie der Gegenstand eines Urteils. Es ist ein Faktor der Natur, der direkt in der Sinneswahrnehmung vorhanden ist. Das Element des Urteils kommt ins Spiel, wenn wir dazu übergehen, das bestimmte Wahrnehmungsobjekt zu klassifizieren. Wenn wir zum Beispiel sagen: "Das ist Flanell", dann denken wir an die Eigenschaften von Flanell und an die Verwendung von Sportmänteln. Aber das alles geschieht, nachdem wir das Wahrnehmungsobjekt in die Hand bekommen haben. Antizipatorische

Urteile beeinflussen das wahrgenommene Objekt, indem sie die Aufmerksamkeit fokussieren und ablenken.

Das Wahrnehmungsobjekt ist das Ergebnis der Gewohnheit der Erfahrung. Alles, was dieser Gewohnheit zuwiderläuft, behindert die sinnliche Wahrnehmung eines solchen Objekts. Ein Sinnesobjekt ist nicht das Ergebnis der Assoziation von intellektuellen Ideen, sondern das Ergebnis der Assoziation von Sinnesobjekten in derselben Situation. Dieses Ergebnis ist nicht intellektuell; es ist ein Objekt besonderer Art mit einer eigenen, besonderen Einbindung in die Natur.

Es gibt zwei Arten von Wahrnehmungsobjekten, nämlich "illusionäre Wahrnehmungsobjekte" und "physische Objekte". Die Situation eines illusorischen Wahrnehmungsgegenstandes ist eine passive Bedingung für das Eintreten dieses Gegenstandes in die Natur. Auch das Ereignis, das die Situation ist, hat nur für ein bestimmtes Wahrnehmungsereignis die Beziehung der Situation zum Objekt. Ein Beispiel: Ein Beobachter sieht das Bild eines blauen Mantels in einem Spiegel. Es ist ein blauer Mantel, den er sieht, und nicht nur ein Farbfleck. Dies zeigt, dass die aktiven Bedingungen für die Vermittlung einer Gruppe von unbewussten Sinnesobjekten durch ein dominierendes Sinnesobjekt im Wahrnehmungsereignis zu finden sind. Wir sollen sie nämlich in den Untersuchungen der medizinischen Psychologen suchen. Das Eindringen des trügerischen Sinnesobjekts in die Natur wird durch die Anpassung der körperlichen Ereignisse an das normalere Geschehen, nämlich das Eindringen des physischen Objekts, bedingt.

Ein Wahrnehmungsobjekt ist ein physisches Objekt, wenn (i) seine Situation ein aktives konditionierendes Ereignis für die Ingression eines seiner Sinnesobjekte ist, und (ii) dasselbe Ereignis die Situation des Wahrnehmungsobjekts für eine unbestimmte Anzahl möglicher Wahrnehmungsereignisse sein kann. Physische Objekte sind die gewöhnlichen Objekte, die wir wahrnehmen, wenn unsere Sinne nicht betrogen werden, wie Stühle, Tische und Bäume. In gewisser Weise haben physische Objekte eine stärkere Wahrnehmungskraft als Sinnesobjekte. Die Aufmerksamkeit für die Tatsache, dass sie in der Natur vorkommen, ist die erste Voraussetzung für das Überleben komplexer Lebewesen. Das Ergebnis dieser hohen Wahrnehmungsfähigkeit der physischen Objekte ist die scholastische Naturphilosophie, die die Sinnesobjekte als bloße Attribute der physischen Objekte betrachtet. Diese scholastische

Sichtweise wird durch die Fülle von Sinnesobjekten, die in unserer Erfahrung als in Ereignissen befindlich ohne jegliche Verbindung zu physischen Objekten auftreten, direkt widerlegt. Zum Beispiel verirrte Gerüche, Töne, Farben und subtilere namenlose Sinnesobjekte. Es gibt keine Wahrnehmung von physischen Objekten ohne die Wahrnehmung von Sinnesobjekten. Aber das Gegenteil ist nicht der Fall: Es gibt nämlich eine Fülle von Wahrnehmungen von Sinnesobjekten, die nicht mit der Wahrnehmung von physischen Objekten einhergehen. Dieser Mangel an Reziprozität in den Beziehungen zwischen Sinnesobjekten und physischen Objekten ist fatal für die scholastische Naturphilosophie.

Es gibt einen großen Unterschied in der *Rolle* der Situationen von Sinnesobjekten und physischen Objekten. Die Situationen eines physischen Objekts sind durch Einzigartigkeit und Kontinuität bedingt. Die Einzigartigkeit ist eine ideale Grenze, der wir uns annähern, wenn wir in Gedanken entlang einer abstrakten Menge von Dauern fortschreiten, wobei wir immer kleinere Dauern in Betracht ziehen, um uns der idealen Grenze des Zeitmoments zu nähern. Mit anderen Worten: Wenn die Dauer klein genug ist, ist die Situation des physischen Objekts innerhalb dieser Dauer praktisch einzigartig.

Die Identifizierung ein und desselben physischen Objekts als in verschiedenen Ereignissen in verschiedenen Zeiträumen befindlich wird durch die Bedingung der Kontinuität bewirkt. Diese Bedingung der Kontinuität ist die Bedingung, dass eine Kontinuität des Durchgangs von Ereignissen, wobei jedes Ereignis eine Situation des Objekts in seiner entsprechenden Dauer ist, von dem früheren zu dem späteren der beiden gegebenen Ereignisse gefunden werden kann. Sofern die beiden Ereignisse in einer fiktiven Gegenwart praktisch nebeneinander liegen, kann diese Kontinuität des Durchgangs direkt wahrgenommen werden. Andernfalls ist sie eine Sache des Urteils und der Schlussfolgerung.

Die Situationen eines Sinnesobjekts sind nicht durch solche Bedingungen der Einzigartigkeit oder der Kontinuität bedingt. In jeder noch so kleinen Zeitspanne kann ein Sinnesobjekt eine beliebige Anzahl von Situationen haben, die von einander getrennt sind. So sind zwei Situationen eines Sinnesobjekts, entweder in derselben Dauer oder in verschiedenen Dauern, nicht notwendigerweise durch einen kontinuierlichen Durchgang von Ereignissen verbunden, die ebenfalls Situationen dieses Sinnesobjekts sind.

Der Charakter der konditionierenden Ereignisse, die am Eintritt eines Sinnesobjekts in die Natur beteiligt sind, kann weitgehend durch die physischen Objekte ausgedrückt werden, die sich in diesen Ereignissen befinden. In einer Hinsicht ist dies auch eine Tautologie. Denn das physische Objekt ist nichts anderes als das gewohnheitsmäßige Zusammentreffen einer bestimmten Menge von Sinnesobjekten in einer Situation. Wenn wir also alles über das physische Objekt wissen, kennen wir damit auch die zugehörigen Sinnesobjekte. Aber ein physisches Objekt ist eine Bedingung für das Auftreten von anderen Sinnesobjekten als denen, die seine Bestandteile sind. Zum Beispiel bewirkt die Atmosphäre, dass die Ereignisse, die ihre Situationen sind, aktive konditionierende Ereignisse bei der Übertragung von Schall sind. Ein Spiegel, der selbst ein physisches Objekt ist, ist eine aktive Bedingung für die Situation eines Farbflecks hinter ihm, aufgrund der Reflexion von Licht in ihm.

Der Ursprung der wissenschaftlichen Erkenntnis ist also das Bestreben, die verschiedenen *Rollen* von Ereignissen als aktive Bedingungen bei der Eingliederung von Sinnesobjekten in die Natur in Begriffen von physischen Objekten auszudrücken. Im Verlauf dieser Untersuchung entstehen die wissenschaftlichen Objekte. Sie verkörpern jene Aspekte des Charakters der Situationen der physischen Objekte, die am dauerhaftesten sind und ohne Bezug auf eine mehrfache Beziehung einschließlich eines wahrnehmenden Ereignisses ausgedrückt werden können. Auch ihre Beziehungen zueinander sind durch eine gewisse Einfachheit und Einheitlichkeit gekennzeichnet. Schließlich lassen sich die Eigenschaften der beobachteten physikalischen Objekte und Sinnesobjekte in Begriffen dieser wissenschaftlichen Objekte ausdrücken. Der ganze Sinn der Suche nach wissenschaftlichen Objekten besteht in der Tat darin, diesen einfachen Ausdruck für den Charakter der Ereignisse zu finden. Diese wissenschaftlichen Objekte sind selbst nicht nur Formeln für die Berechnung; denn die Formeln müssen sich auf Dinge in der Natur beziehen, und die wissenschaftlichen Objekte sind die Dinge in der Natur, auf die sich die Formeln beziehen.

Ein wissenschaftliches Objekt wie ein bestimmtes Elektron ist eine systematische Korrelation der Eigenschaften aller Ereignisse in der gesamten Natur. Es ist ein Aspekt des systematischen Charakters der Natur. Das Elektron ist nicht nur dort, wo seine Ladung ist. Die Ladung ist der quantitative Charakter bestimmter Ereignisse aufgrund des Eintretens des Elektrons in die Natur. Das Elektron ist sein ganzes Kraftfeld. Das Elektron ist nämlich die systematische Art und Weise, in der alle Ereignisse als Ausdruck seines Eindringens verändert werden. Die Situation eines Elektrons in jeder kleinen Zeitspanne kann als das Ereignis definiert werden, das den quantitativen Charakter hat, der die Ladung des Elektrons ist. Wir können, wenn wir wollen, die bloße Ladung als das Elektron bezeichnen. Aber dann ist ein anderer Name für das wissenschaftliche Objekt erforderlich, das die volle Entität ist, die die Wissenschaft betrifft, und die ich das Elektron genannt habe.

Nach dieser Auffassung von wissenschaftlichen Objekten sind die rivalisierenden Theorien der Fernwirkung und der Wirkung durch Übertragung durch ein Medium beide unvollständige Ausdrücke des wahren Naturprozesses. Der Strom von Ereignissen, der die kontinuierliche Reihe von Situationen des Elektrons bildet, ist völlig selbstbestimmt, sowohl was den eigentlichen Charakter als Reihe von Situationen dieses Elektrons betrifft, als auch was die Zeitsysteme betrifft, mit denen seine verschiedenen Glieder zusammenhängen, und den Fluss ihrer Positionen in ihren entsprechenden Zeiträumen. Dies ist die Grundlage für die Leugnung des Handelns aus der Ferne; der Verlauf des Stroms der Situationen eines wissenschaftlichen Objekts kann nämlich durch eine Analyse des Stroms selbst bestimmt werden.

Andererseits verändert das Eindringen eines jeden Elektrons in die Natur in gewissem Maße den Charakter eines jeden Ereignisses. So trägt der Charakter des Stroms von Ereignissen, den wir betrachten, Spuren der Existenz jedes anderen Elektrons im gesamten Universum. Wenn wir uns die Elektronen lediglich als das vorstellen, was ich nenne, dann wirken die Ladungen in einer gewissen Entfernung. Aber diese Wirkung besteht in der Veränderung der Situation des anderen betrachteten Elektrons. Diese Vorstellung von einer Ladung, die aus der Ferne wirkt, ist völlig künstlich. Die Vorstellung, die den Charakter der Natur am besten zum Ausdruck bringt, ist die eines jeden Ereignisses, das durch das Eindringen eines jeden Elektrons in die Natur verändert wird. Der Äther ist der Ausdruck dieser systematischen Modifikation von Ereignissen im gesamten Raum und in der gesamten Zeit. Wie der Charakter dieser Modifikation am besten zum Ausdruck kommt, müssen die Physiker herausfinden. Meine Theorie hat damit nichts zu tun und ist bereit, jedes Ergebnis der physikalischen Forschung zu akzeptieren.

Die Verbindung von Objekten und Raum bedarf der Erläuterung. Objekte sind in Ereignissen situiert. Die Situationsbeziehung ist für jede Art von Objekt eine andere Beziehung, und im Falle von Sinnesobjekten kann sie nicht als eine Beziehung mit zwei Begriffen ausgedrückt werden. Es wäre vielleicht besser, ein anderes Wort für diese verschiedenen Arten der Situationsbeziehung zu verwenden. Für unsere Zwecke in diesen Vorlesungen war es jedoch nicht notwendig, dies zu tun. Man muss sich jedoch darüber im Klaren sein, dass, wenn von Situation die Rede ist, ein bestimmter Typus zur Diskussion steht, und es kann vorkommen, dass das Argument auf Situationen eines anderen Typs nicht zutrifft. In allen Fällen verwende ich jedoch den Begriff Situation, um eine Beziehung zwischen Objekten und Ereignissen und nicht zwischen Objekten und abstrakten Elementen auszudrücken. Es gibt eine abgeleitete Beziehung zwischen Objekten und räumlichen Elementen, die ich die Beziehung des Ortes nenne; und wenn diese Beziehung gilt, sage ich, dass das Objekt in dem abstrakten Element liegt. In diesem Sinne kann ein Objekt in einem Moment der Zeit, in einem Raumvolumen, einer Fläche, einer Linie oder einem Punkt lokalisiert sein. Für jede Art von Situation gibt es eine besondere Art der Verortung; und die Verortung ist in jedem Fall von der entsprechenden Situationsbeziehung auf eine Weise abgeleitet, die ich noch erläutern werde.

Auch der Ort im zeitlosen Raum eines Zeitsystems ist eine Beziehung, die sich aus dem Ort im augenblicklichen Raum desselben Zeitsystems ableitet. Dementsprechend ist der Ort in einem augenblicklichen Raum die primäre Idee, die wir zu erklären haben. In der Naturphilosophie ist große Verwirrung dadurch entstanden, dass man es versäumt hat, zwischen den verschiedenen Arten von Objekten, den verschiedenen Arten von Situationen, den verschiedenen Arten von Orten und dem Unterschied zwischen Ort und Situation zu unterscheiden. Es ist unmöglich, im Unklaren über Objekte und ihre Lage zu denken, ohne diese Unterscheidungen im Auge zu behalten. Ein Objekt befindet sich in einem abstrakten Element, wenn eine abstrakte Menge gefunden werden kann, die zu diesem Element gehört, so dass jedes Ereignis, das zu dieser Menge gehört, eine Situation des Objekts ist. Es sei daran erinnert, dass ein abstraktes Element eine bestimmte Gruppe von abstrakten Mengen ist, und dass jede abstrakte Menge eine Menge von Ereignissen ist. Diese Definition definiert den Ort eines Elements in jeder Art von abstraktem Element. In diesem Sinne können wir von der Existenz eines Objekts zu einem bestimmten Zeitpunkt sprechen, was bedeutet, dass es sich in einem bestimmten Moment befindet. Es kann sich auch in einem räumlichen Element des momentanen Raums dieses Augenblicks befinden.

Eine Menge kann als in einem abstrakten Element befindlich bezeichnet werden, wenn eine abstrakte Menge, die zu diesem Element gehört, so gefunden werden kann, dass die quantitativen Ausdrücke der entsprechenden Zeichen ihrer Ereignisse zum Maß der gegebenen Menge als Grenze konvergieren, wenn wir entlang der abstrakten Menge zu ihrem konvergierenden Ende gehen.

Durch diese Definitionen wird der Ort in den Elementen der augenblicklichen Räume definiert. Diese Elemente nehmen entsprechende Elemente von zeitlosen Räumen ein. Ein Objekt, das sich in einem Element eines augenblicklichen Raums befindet, befindet sich in diesem Moment auch in dem zeitlosen Element des zeitlosen Raums, der von diesem augenblicklichen Element eingenommen wird.

Es ist nicht jedes Objekt, das in einem Moment lokalisiert werden kann. Ein Objekt, das in jedem Augenblick einer bestimmten Zeitspanne geortet werden kann, wird als "einheitliches" Objekt während dieser Zeitspanne bezeichnet. Gewöhnliche physikalische Objekte erscheinen uns als einheitliche Objekte, und wir nehmen gewohnheitsmäßig an, dass wissenschaftliche Objekte wie Elektronen einheitlich sind. Aber einige Sinnesobjekte sind sicherlich nicht einheitlich. Eine Melodie ist ein Beispiel für ein uneinheitliches Objekt. Wir haben sie als Ganzes in einer bestimmten Dauer wahrgenommen; aber die Melodie als Melodie ist nicht in jedem Moment dieser Dauer, auch wenn sich eine der einzelnen Noten dort befinden mag.

Es ist daher möglich, dass für die Existenz bestimmter Arten von Objekten, *z.B.* Elektronen, minimale Zeitquanten erforderlich sind. Ein solches Postulat wird offenbar von der modernen Quantentheorie aufgestellt und ist mit der in diesen Vorlesungen vertretenen Lehre von den Objekten vollkommen vereinbar.

Auch das Beispiel der Unterscheidung zwischen dem Elektron als bloßer quantitativer elektrischer Ladung seiner Lage und dem Elektron, das für die Ingression eines Objekts in der gesamten Natur steht, veranschaulicht die unendliche Anzahl von Arten von Objekten, die in der Natur existieren. Wir können intellektuell noch feinere und subtilere Arten von Objekten unterscheiden. Unter Subtilität verstehe ich hier die Absonderung von der unmittelbaren Wahrnehmung des Sinnesbewusstseins. Die Evolution in der Komplexität des Lebens bedeutet eine Zunahme der Arten von Objekten, die direkt wahrgenommen werden. Die Feinheit der Sinneswahrnehmung bedeutet die Wahrnehmung von Objekten als eigenständige Entitäten, die für das grobe Empfinden lediglich subtile Ideen sind. Die Phrasierung von Musik ist für den Unmusikalischen nur eine abstrakte Feinheit; für den Eingeweihten ist sie eine direkte Sinneswahrnehmung. Wenn wir uns zum Beispiel vorstellen könnten, dass ein niederes organisches Wesen denkt und unsere Gedanken wahrnimmt, würde es sich über die abstrakten Feinheiten wundern, in denen wir schwelgen, wenn wir an Steine und Ziegel und Wassertropfen und Pflanzen denken. Es kennt nur vage und undifferenzierte Gefühle in der Natur. Es würde uns als Menschen betrachten, die sich dem Spiel eines allzu abstrakten Intellekts hingeben. Aber wenn es denken könnte, würde es antizipieren; und wenn es antizipiert, würde es bald selbst wahrnehmen.

In diesen Vorlesungen haben wir uns mit den Grundlagen der Naturphilosophie befasst. Wir halten genau an dem Punkt an, an dem sich ein grenzenloser Ozean von Fragen für unsere Befragung öffnet.

Ich stimme zu, dass die Sichtweise der Natur, die ich in diesen Vorlesungen vertreten habe, nicht einfach ist. Die Natur erscheint als ein komplexes System, dessen Faktoren wir nur schemenhaft wahrnehmen können. Aber, so frage ich Sie, ist das nicht die eigentliche Wahrheit? Sollten wir nicht der übermütigen Gewissheit misstrauen, mit der sich jedes Zeitalter rühmt, endlich auf die letzten Begriffe gestoßen zu sein, in denen sich alles Geschehen formulieren lässt? Das Ziel der Wissenschaft ist es, die einfachsten Erklärungen für komplexe Sachverhalte zu finden. Wir sind geneigt, dem Irrtum zu verfallen, dass die Tatsachen einfach sind, weil die Einfachheit das Ziel unserer Suche ist. Das Leitmotiv im Leben eines jeden Naturphilosophen sollte sein: Suche die Einfachheit und misstraue ihr.

KAPITEL VIII
ZUSAMMENFASSUNG

Es besteht allgemeines Einvernehmen darüber, dass Einsteins Untersuchungen ein grundlegendes Verdienst haben, ungeachtet aller Kritik, die wir an ihnen üben möchten. Sie haben uns zum Nachdenken gebracht. Aber wenn wir so weit gekommen sind, stehen wir meist vor einer beunruhigenden Ratlosigkeit. Worüber sollen wir eigentlich nachdenken? Der Zweck meines Vortrags heute Nachmittag wird es sein, dieser Schwierigkeit zu begegnen und, soweit ich in der Lage bin, die Veränderungen im Hintergrund unseres wissenschaftlichen Denkens zu verdeutlichen, die durch eine wie auch immer geartete Akzeptanz von Einsteins Hauptpositionen notwendig werden. Ich erinnere daran, dass ich vor den Mitgliedern einer chemischen Gesellschaft spreche, die größtenteils nicht in fortgeschrittener Mathematik bewandert sind. Der erste Punkt, den ich Ihnen ans Herz legen möchte, ist, dass das, was Sie unmittelbar betrifft, nicht so sehr die detaillierten Ableitungen der neuen Theorie sind, sondern diese allgemeine Veränderung im Hintergrund der wissenschaftlichen Vorstellungen, die sich aus ihrer Annahme ergeben wird. Natürlich sind die detaillierten Schlussfolgerungen wichtig, denn wenn unsere Kollegen, die Astronomen und Physiker, diese Vorhersagen nicht bestätigt finden, können wir die Theorie ganz vernachlässigen. Aber wir können nun davon ausgehen, dass diese Ableitungen in vielen auffälligen Punkten mit den Beobachtungen übereinstimmen. Dementsprechend muss die Theorie ernst genommen werden, und wir sind gespannt, welche Folgen ihre endgültige Annahme haben wird. Darüber hinaus wurden in den letzten Wochen die wissenschaftlichen Zeitschriften und die Laienpresse mit Artikeln über die Art der entscheidenden Experimente, die durchgeführt wurden, und über einige der auffälligsten Ergebnisse der neuen Theorie gefüllt. Space caught bending" stand auf dem Nachrichtenblatt einer bekannten Abendzeitung. Diese Wiedergabe ist eine knappe, aber nicht unpassende Übersetzung von Einsteins eigener Interpretation seiner Ergebnisse. Ich möchte gleich sagen, dass ich ein Ketzer bin, was diese Erklärung betrifft, und dass ich Ihnen eine andere Erklärung darlegen werde, die auf einigen meiner Arbeiten beruht, eine Erklärung, die mir mit unseren wissenschaftlichen Vorstellungen und mit der Gesamtheit der zu erklärenden Tatsachen besser übereinzustimmen scheint. Wir dürfen nicht vergessen, dass eine neue Theorie die alten, gut belegten Fakten der Wissenschaft ebenso berücksichtigen muss wie die allerneuesten experimentellen Ergebnisse, die zu ihrer Aufstellung geführt haben.

Um uns in die Lage zu versetzen, jede Veränderung in den grundlegenden wissenschaftlichen Auffassungen aufzunehmen und zu kritisieren, müssen wir am Anfang beginnen. Haben Sie also bitte Verständnis dafür, wenn ich mit einigen einfachen und offensichtlichen Überlegungen beginne. Betrachten wir drei Aussagen: (i) "Gestern wurde ein Mann auf dem Chelsea Embankment überfahren", (ii) "Kleopatras Nadel befindet sich auf dem Charing Cross Embankment" und (iii) "Es gibt dunkle Linien im Sonnenspektrum". Bei der ersten Aussage über den Unfall des Mannes geht es um etwas, das wir als "Ereignis", "Happening" oder "Event" bezeichnen können. Ich werde den Begriff "Ereignis" verwenden, weil er am kürzesten ist. Um ein beobachtetes Ereignis zu spezifizieren, sind der Ort, die Zeit und die Art des Ereignisses notwendig. Mit der Angabe des Ortes und der Zeit geben Sie eigentlich die Beziehung des zugeordneten Ereignisses zur allgemeinen Struktur anderer beobachteter Ereignisse an. Beispiel: : Der Mann wurde zwischen Ihrem Tee und Ihrem Abendessen und in unmittelbarer Nähe zu einem vorbeifahrenden Kahn auf dem Fluss und dem Verkehr am Strand überfahren. Der Punkt, auf den ich hinaus will, ist folgender: Die Natur ist uns in unserer Erfahrung als ein Komplex von vorübergehenden Ereignissen bekannt. In diesem Komplex erkennen wir bestimmte wechselseitige Beziehungen zwischen den einzelnen Ereignissen, die wir als ihre relativen Positionen bezeichnen können, und diese Positionen drücken wir teils in Begriffen des Raums und teils in Begriffen der Zeit aus. Abgesehen von seiner relativen Position zu anderen Ereignissen hat jedes einzelne Ereignis auch seinen eigenen Charakter. Mit anderen Worten, die Natur ist eine Struktur von Ereignissen, und jedes Ereignis hat seine Position in dieser Struktur und seinen eigenen besonderen Charakter oder seine eigene Qualität.

Untersuchen wir nun die beiden anderen Aussagen im Lichte dieses allgemeinen Grundsatzes hinsichtlich der Bedeutung der Natur. Nehmen wir die zweite Aussage: "Kleopatras Nadel steht auf dem Charing Cross Embankment". Auf den ersten Blick würden wir dies kaum als Ereignis bezeichnen. Es scheint das Element der Zeit oder der Vergänglichkeit zu fehlen. Aber ist es das? Wenn ein Engel diese Bemerkung vor Hunderten von Millionen Jahren gemacht hätte, hätte es die Erde nicht gegeben, vor zwanzig Millionen Jahren gab es keine Themse, vor achtzig Jahren gab es keinen Themse-Damm, und als ich ein kleiner Junge war, gab es Kleopatras Nadel nicht. Und jetzt, da sie da ist, erwartet niemand von uns, dass sie ewig ist. Das statische, zeitlose Element in der Beziehung zwischen Kleopatras Nadel und dem Thames Embankment ist eine reine Illusion, die dadurch entsteht, dass ihre Betonung für die Zwecke des täglichen Verkehrs unnötig ist. Es geht um Folgendes: Inmitten der Struktur von Ereignissen, die das Medium bilden, in dem sich das tägliche Leben der Londoner abspielt, können wir einen bestimmten Strom von Ereignissen ausmachen, die einen beständigen Charakter haben, nämlich den Charakter, die Situationen von Kleopatras Nadel zu sein. Tag für Tag und Stunde für Stunde können wir ein bestimmtes Stück im vergänglichen Leben der Natur finden, und von diesem Stück sagen wir: "Das ist Kleopatras Nadel". Wenn wir die Nadel hinreichend abstrakt definieren, können wir sagen, dass sie sich nie verändert. Aber ein Physiker, der diesen Teil des Lebens der Natur als einen Tanz der Elektronen betrachtet, wird Ihnen sagen, dass sie täglich einige Moleküle verloren und andere gewonnen hat, und selbst der einfache Mensch kann sehen, dass sie schmutziger wird und gelegentlich gewaschen wird. Die Frage nach der Veränderung der Nadel ist also eine Frage der Definition. Je abstrakter Ihre Definition ist, desto dauerhafter ist die Nadel. Aber ob Ihre Nadel sich nun verändert oder permanent ist, alles, was Sie mit der Aussage, dass sie sich auf dem Charing Cross Embankment befindet, meinen, ist, dass Sie inmitten der Struktur der Ereignisse einen bestimmten kontinuierlichen, begrenzten Strom von Ereignissen kennen, so dass jedes Stück dieses Stroms zu jeder Stunde, an jedem Tag oder in jeder Sekunde den Charakter hat, die Situation von Kleopatras Nadel zu sein.

Schließlich kommen wir zu der dritten Aussage: "Es gibt dunkle Linien im Sonnenspektrum". Dies ist ein Naturgesetz. Aber was bedeutet das? Es bedeutet lediglich dies. Wenn ein Ereignis den Charakter einer Ausstellung des Sonnenspektrums unter bestimmten bestimmten Umständen hat, wird es auch den Charakter haben, dunkle Linien in diesem Spektrum zu zeigen.

Diese lange Diskussion führt uns zu der endgültigen Schlussfolgerung, dass die konkreten Tatsachen der Natur Ereignisse sind, die eine bestimmte Struktur in ihren gegenseitigen Beziehungen und bestimmte eigene Charaktere aufweisen. Das Ziel der Wissenschaft ist es, die Beziehungen zwischen ihren Charakteren in Form der gegenseitigen strukturellen Beziehungen zwischen den so charakterisierten Ereignissen auszudrücken. Die gegenseitigen strukturellen Beziehungen zwischen den Ereignissen sind sowohl räumlich als auch zeitlich. Wenn man sie nur als räumlich betrachtet, lässt man das zeitliche Element weg, und wenn man sie nur als zeitlich betrachtet, lässt man das räumliche Element weg. Wenn Sie also nur an den Raum oder nur an die Zeit denken, handelt es sich um Abstraktionen, d. h. Sie lassen ein wesentliches Element des Lebens der Natur aus, das Sie durch die Erfahrung Ihrer Sinne kennen. Darüber hinaus gibt es verschiedene Arten, diese Abstraktionen, die wir als Raum und als Zeit betrachten, zu machen; und unter manchen Umständen nehmen wir eine Art und Weise an und unter anderen Umständen nehmen wir eine andere Art an. Es ist also nicht paradox, wenn wir sagen, dass das, was wir unter einer Reihe von Umständen mit Raum meinen, nicht das ist, was wir unter einer anderen Reihe von Umständen mit Raum meinen. Und ebenso ist das, was wir unter einer Reihe von Umständen unter Zeit verstehen, nicht das, was wir unter einer anderen Reihe von Umständen unter Zeit verstehen. Wenn ich sage, dass Raum und Zeit Abstraktionen sind, meine ich damit nicht, dass sie für uns keine realen Fakten über die Natur ausdrücken. Was ich damit sagen will, ist, dass es keine räumlichen oder zeitlichen Tatsachen außerhalb der physischen Natur gibt, dass also Raum und Zeit lediglich Ausdrucksformen für bestimmte Wahrheiten über die Beziehungen zwischen Ereignissen sind. Außerdem gibt es unter verschiedenen Umständen verschiedene Wahrheiten über das Universum, die uns natürlich als Aussagen über den Raum präsentiert werden. In einem solchen Fall wird das, was ein Wesen unter den einen Umständen mit Raum meint, anders sein als das, was ein Wesen unter den anderen Umständen meint. Wenn wir also zwei Beobachtungen vergleichen, die unter verschiedenen Umständen gemacht wurden, müssen wir fragen: "Meinen die beiden Beobachter dasselbe mit Raum und dasselbe mit Zeit? Die moderne Relativitätstheorie ist entstanden, weil bestimmte Verwirrungen in Bezug auf die Übereinstimmung bestimmter heikler Beobachtungen, wie die Bewegung der Erde durch den Äther, das Perihel des Quecksilbers und die Positionen der Sterne in der Nähe der Sonne, durch den Hinweis auf diese rein relative Bedeutung von Raum und Zeit gelöst wurden.

Ich möchte nun Ihre Aufmerksamkeit auf die Kleopatra-Nadel lenken, mit der ich noch nicht fertig bin. Wenn Sie die Uferpromenade entlanggehen, blicken Sie plötzlich auf und sagen: "Hallo, da ist die Nadel". Mit anderen Worten, Sie erkennen sie. Man kann ein Ereignis nicht erkennen, denn wenn es weg ist, ist es weg. Man kann ein anderes Ereignis mit ähnlichem Charakter beobachten, aber der eigentliche Brocken des Lebens der Natur ist untrennbar mit seinem einmaligen Auftreten verbunden. Aber der Charakter eines Ereignisses kann erkannt werden. Wir alle wissen, dass wir, wenn wir zum Embankment in der Nähe von Charing Cross gehen, ein Ereignis beobachten werden, das den Charakter hat, den wir als Kleopatras Nadel erkennen. Dinge, die wir so erkennen, nenne ich Objekte. Ein Objekt befindet sich in jenen Ereignissen oder in jenem Strom von Ereignissen, deren Charakter es zum Ausdruck bringt. Es gibt viele Arten von Objekten. Zum Beispiel ist die Farbe Grün ein Objekt im Sinne der obigen Definition. Aufgabe der Wissenschaft ist es, die Gesetze zu ergründen, die das Erscheinungsbild von Objekten in den verschiedenen Ereignissen, in denen sie sich befinden, bestimmen. Zu diesem Zweck können wir uns hauptsächlich auf zwei Arten von Objekten konzentrieren, die ich als materielle physische Objekte und wissenschaftliche Objekte bezeichnen möchte. Ein materielles physisches Objekt ist ein gewöhnliches Stück Materie, zum Beispiel Kleopatras Nadel. Dies ist eine viel kompliziertere Art von Objekt als eine bloße Farbe, wie z. B. , die Farbe der Nadel. Ich nenne diese einfachen Objekte, wie Farben oder Klänge, Sinnes-Objekte. Ein Künstler wird sich darin üben, besonders auf Sinnesobjekte zu achten, während der normale Mensch normalerweise auf materielle Objekte achtet. Wenn Sie also mit einem Künstler spazieren gehen und Sie sagen: "Da ist Kleopatras Nadel", ruft er vielleicht gleichzeitig aus: "Das ist ein schönes Stück Farbe". Dennoch haben Sie beide zum Ausdruck gebracht, dass Sie verschiedene Komponenten desselben Ereignisses erkannt haben. Aber in der Wissenschaft haben wir herausgefunden, dass wir, wenn wir alles über die Erlebnisse inmitten von Ereignissen materieller physischer Objekte und wissenschaftlicher Objekte wissen, über die meisten relevanten Informationen verfügen, die es uns ermöglichen, die Bedingungen vorherzusagen, unter denen wir Sinnesobjekte in bestimmten Situationen wahrnehmen werden. Wenn wir zum Beispiel wissen, dass es ein loderndes Feuer gibt (d.*h.* materielle und wissenschaftliche Objekte, die verschiedene aufregende Abenteuer inmitten von Ereignissen erleben) und gegenüber einen Spiegel (der ein anderes materielles Objekt ist) und die Positionen des Gesichts und der Augen eines Mannes, der in den Spiegel blickt, wissen wir, dass er die

142

Röte der Flamme wahrnehmen kann, die sich in einem Ereignis hinter dem Spiegel befindet - so wird das Erscheinen von Sinnesobjekten zu einem großen Teil durch die Abenteuer der materiellen Objekte bedingt. Die Analyse dieser Erlebnisse macht uns einen weiteren Charakter der Ereignisse bewusst, nämlich ihren Charakter als Tätigkeitsfelder, die die nachfolgenden Ereignisse bestimmen, auf die sie auf die in ihnen befindlichen Objekte übergehen werden. Wir drücken diese Aktivitätsfelder in Form von gravitativen, elektromagnetischen oder chemischen Kräften und Anziehungen aus. Aber die genaue Beschreibung der Natur dieser Aktivitätsfelder zwingt uns intellektuell dazu, eine weniger offensichtliche Art von Objekten als in Ereignissen befindlich anzuerkennen. Ich meine die Moleküle und die Elektronen. Diese Objekte werden nicht isoliert erkannt. Wir können Kleopatras Nadel nicht übersehen, wenn wir uns in ihrer Nähe befinden; aber niemand hat ein einziges Molekül oder ein einziges Elektron gesehen, und doch ist der Charakter der Ereignisse für uns nur erklärbar, wenn wir sie in Begriffen dieser wissenschaftlichen Objekte ausdrücken. Zweifelsohne sind Moleküle und Elektronen Abstraktionen. Aber das gilt auch für die Nadel der Kleopatra. Die konkreten Tatsachen sind die Ereignisse selbst - ich habe Ihnen bereits erklärt, dass eine Abstraktion zu sein, nicht bedeutet, dass eine Entität nichts ist. Es bedeutet lediglich, dass seine Existenz nur ein Faktor eines konkreteren Elements der Natur ist. Ein Elektron ist also abstrakt, weil man nicht die gesamte Struktur der Ereignisse auslöschen kann und trotzdem das Elektron bestehen lässt. Genauso ist das Grinsen der Katze abstrakt, und das Molekül ist in demselben Sinne wirklich im Ereignis, wie das Grinsen wirklich auf dem Gesicht der Katze ist. Die ultimativen Wissenschaften wie die Chemie oder die Physik können ihre ultimativen Gesetze nicht in Form von so vagen Objekten wie der Sonne, der Erde, Kleopatras Nadel oder einem menschlichen Körper ausdrücken. Solche Objekte gehören eher in den Bereich der Astronomie, der Geologie, der Technik, der Archäologie oder der Biologie. Chemie und Physik befassen sich mit ihnen nur als statistische Komplexe der Auswirkungen ihrer intimeren Gesetze. In gewissem Sinne finden sie nur als technologische Anwendungen Eingang in Physik und Chemie. Der Grund dafür ist, dass sie zu vage sind. Wo fängt Kleopatras Nadel an und wo hört sie auf? Ist der Ruß Teil der Nadel? Ist sie ein anderes Objekt, wenn sie ein Molekül abwirft oder wenn ihre Oberfläche eine chemische Verbindung mit der Säure des Londoner Nebels eingeht? Die Bestimmtheit und

Dauerhaftigkeit der Nadel ist nichts im Vergleich zu der möglichen dauerhaften Bestimmtheit eines Moleküls, wie es von der Wissenschaft verstanden wird, und die dauerhafte Bestimmtheit eines Moleküls wiederum weicht der eines Elektrons. So sucht die Wissenschaft in ihrer ultimativen Formulierung von Gesetzen nach Objekten mit der dauerhaftesten definitiven Einfachheit des Charakters und drückt ihre endgültigen Gesetze in Begriffen von ihnen aus.

Wenn wir wiederum versuchen, die Beziehungen zwischen Ereignissen, die sich aus ihrer raum-zeitlichen Struktur ergeben, eindeutig auszudrücken, nähern wir uns der Einfachheit an, indem wir das Ausmaß (sowohl zeitlich als auch räumlich) der betrachteten Ereignisse schrittweise verkleinern. Zum Beispiel hat das Ereignis, das das Leben des Stücks Natur, das die Nadel ist, während einer Minute ist, zu dem Leben der Natur in einem vorbeifahrenden Lastkahn während derselben Minute eine sehr komplexe raum-zeitliche Beziehung. Aber nehmen wir an, dass wir die betrachtete Zeit schrittweise auf eine Sekunde, ein Hundertstel einer Sekunde, ein Tausendstel einer Sekunde usw. reduzieren. Wenn wir eine solche Reihe durchlaufen, nähern wir uns einer idealen Einfachheit der strukturellen Beziehungen der nacheinander betrachteten Ereignispaare an, die wir die räumlichen Beziehungen der Nadel zum Kahn zu einem bestimmten Zeitpunkt nennen. Selbst diese Beziehungen sind für uns zu kompliziert, und wir betrachten immer kleinere Teile der Nadel und des Kahns. So gelangen wir schließlich zu dem Ideal eines Ereignisses, das in seiner Ausdehnung so begrenzt ist, dass es weder eine räumliche noch eine zeitliche Ausdehnung hat. Ein solches Ereignis ist ein bloßer räumlicher Punktblitz von augenblicklicher Dauer. Ich nenne ein solches ideales Ereignis ein "Ereignis-Teilchen". Man darf sich die Welt nicht so vorstellen, als bestünde sie letztlich aus Ereignisteilchen. Das hieße, das Pferd von hinten aufzuzäumen. Die Welt, die wir kennen, ist ein kontinuierlicher Strom von Ereignissen, die wir in endliche Ereignisse unterteilen können, die durch ihre Überschneidungen und ihre gegenseitigen Einschlüsse und Trennungen eine raum-zeitliche Struktur bilden. Wir können die Eigenschaften dieser Struktur in Begriffen der idealen Grenzen der Annäherungswege ausdrücken, die ich als Ereignisteilchen bezeichnet habe. Ereignisteilchen sind also Abstraktionen in ihren Beziehungen zu den konkreteren Ereignissen. Aber dann werden Sie inzwischen begriffen haben, dass man die konkrete Natur nicht analysieren kann, ohne zu abstrahieren. Auch ich wiederhole: Die

Abstraktionen der Wissenschaft sind Entitäten, die wirklich in der Natur sind, obwohl sie isoliert von der Natur keine Bedeutung haben.

Der Charakter der räumlich-zeitlichen Struktur von Ereignissen lässt sich vollständig durch die Beziehungen zwischen diesen abstrakteren Ereignisteilchen ausdrücken. Der Vorteil des Umgangs mit Ereignisteilchen besteht darin, dass sie zwar abstrakt und komplex sind im Vergleich zu den endlichen Ereignissen, die wir direkt beobachten, aber einfacher als endliche Ereignisse in Bezug auf ihre gegenseitigen Beziehungen. Dementsprechend drücken sie für uns die Anforderungen einer idealen Genauigkeit und einer idealen Einfachheit in der Darstellung von Beziehungen aus. Diese Ereignis-Teilchen sind die letzten Elemente der vierdimensionalen Raum-Zeit-Mannigfaltigkeit, die die Relativitätstheorie voraussetzt. Sie werden bemerkt haben, dass jedes Ereignis-Teilchen sowohl ein Augenblick der Zeit als auch ein Punkt des Raumes ist. Ich habe es einen augenblicklichen Punktblitz genannt. In der Struktur dieser Raum-Zeit-Mannigfaltigkeit wird also der Raum nicht endgültig von der Zeit unterschieden, und die Möglichkeit verschiedener Unterscheidungsmodi je nach den unterschiedlichen Umständen der Beobachter bleibt offen. Es ist diese Möglichkeit, die den grundlegenden Unterschied zwischen der neuen Art, das Universum zu begreifen, und der alten Art ausmacht. Das Geheimnis des Verständnisses der Relativitätstheorie besteht darin, dies zu verstehen. Es nützt nichts, sich mit pittoresken Paradoxien zu beeilen, wie z.B. "Space caught bending", wenn man dieses grundlegende Konzept, das der gesamten Theorie zugrunde liegt, nicht beherrscht. Wenn ich sage, dass sie der ganzen Theorie zugrunde liegt, dann meine ich, dass sie meiner Meinung nach der ganzen Theorie zugrunde liegen sollte, auch wenn ich einige Zweifel zugeben muss, inwieweit alle Darstellungen der Theorie ihre Implikationen und Prämissen wirklich verstanden haben.

Unsere Messungen sind, wenn sie im Sinne einer idealen Genauigkeit ausgedrückt werden, Messungen, die Eigenschaften der Raum-Zeit-Mannigfaltigkeit ausdrücken. Nun gibt es verschiedene Arten von Messungen. Man kann Längen, Winkel, Flächen, Volumen oder Zeiten messen. Es gibt auch andere Arten von Messungen, wie z. B. Messungen der Beleuchtungsstärke, aber ich werde diese für den Moment außer Acht lassen und mich auf die Messungen beschränken, die uns besonders interessieren, da sie Messungen des Raums oder der Zeit sind. Es ist leicht einzusehen, dass vier solcher Messungen des richtigen Charakters notwendig sind, um die Position eines Ereignis-Teilchens in der Raum-Zeit-Mannigfaltigkeit in seiner Beziehung zum Rest der Mannigfaltigkeit zu bestimmen. In einem rechteckigen Feld z.B. geht man zu einem bestimmten Zeitpunkt von einer Ecke aus, misst eine bestimmte Strecke entlang einer Seite, stößt dann rechtwinklig in das Feld hinein und misst dann eine bestimmte Strecke parallel zum anderen Seitenpaar, steigt dann vertikal eine bestimmte Höhe hinauf und nimmt die Zeit. An dem Punkt und zu dem Zeitpunkt, den du so erreichst, ereignet sich ein bestimmter momentaner Punktblitz der Natur. Mit anderen Worten: Ihre vier Messungen haben ein bestimmtes Ereignis-Teilchen bestimmt, das zur vierdimensionalen Raum-Zeit-Mannigfaltigkeit gehört. Diese Messungen sind dem Landvermesser sehr einfach erschienen und werfen in seinem Geist keine philosophischen Schwierigkeiten auf. Aber nehmen wir an, dass es auf dem Mars Wesen gibt, die in ihren wissenschaftlichen Erfindungen so weit fortgeschritten sind, dass sie in der Lage sind, die Vorgänge dieser Vermessung auf der Erde im Detail zu beobachten. Nehmen wir an, dass sie die Operationen der englischen Landvermesser in Bezug auf den Raum auslegen, der für ein Wesen auf dem Mars natürlich ist, nämlich einen marsozentrischen Raum, in dem dieser Planet fixiert ist. Die Erde bewegt sich relativ zum Mars und rotiert. Für die Wesen auf dem Mars bedeuten die Vorgänge in dieser Weise Messungen von höchster Kompliziertheit. Außerdem wird nach der relativistischen Lehre der Vorgang der Zeitmessung auf der Erde nicht ganz genau einer Zeitmessung auf dem Mars entsprechen.

Ich habe dieses Beispiel erörtert, um Ihnen klarzumachen, dass wir uns bei der Betrachtung der Messmöglichkeiten in der Raum-Zeit-Mannigfaltigkeit nicht nur auf jene geringfügigen Variationen beschränken dürfen, die den Menschen auf der Erde als natürlich erscheinen mögen. Machen wir also die allgemeine Aussage, dass vier Messungen, jeweils von unabhängiger Art (wie z.B. Längenmessungen in drei Richtungen und eine Zeit), gefunden werden können, so dass ein bestimmtes Ereignis-Teilchen durch sie in seinen Beziehungen zu anderen Teilen der Mannigfaltigkeit bestimmt wird.

Wenn (p_1, p_2, p_3, p_4) eine Menge von Messungen dieses Systems ist, dann wird das Ereignis-Teilchen, das auf diese Weise bestimmt wird, p_1, p_2, p_3, p_4 als seine Koordinaten in diesem Messsystem haben. Nehmen wir an, wir nennen es das *p-Messsystem*. Dann kann in demselben *p-System* durch geeignetes Variieren von (p_1, p_2, p_3, p_4) jedes Ereignis-Teilchen angegeben werden, das gewesen ist, sein wird oder gerade jetzt ist. Darüber hinaus sind nach jedem für uns natürlichen Messsystem drei der Koordinaten Messungen des Raums und eine eine Messung der Zeit. Nehmen wir immer die letzte Koordinate als Zeitmaß. Dann sollten wir natürlich sagen, dass (p_1, p_2, p_3) einen Punkt im Raum bestimmt und dass das Ereignis-Teilchen an diesem Punkt zur Zeit p_4 stattgefunden hat. Aber wir dürfen nicht den Fehler machen, zu glauben, dass es neben der Raum-Zeit-Mannigfaltigkeit noch einen Raum gibt. Diese Mannigfaltigkeit ist alles, was es für die Bestimmung der Bedeutung von Raum und Zeit gibt. Wir müssen die Bedeutung eines Raumpunktes in Bezug auf die Ereignisteilchen der vierdimensionalen Mannigfaltigkeit bestimmen. Es gibt nur einen Weg, dies zu tun. Beachten Sie, dass, wenn wir die Zeit variieren und Zeiten mit denselben drei Raumkoordinaten nehmen, sich die Ereignisteilchen, die so angegeben werden, alle am selben Punkt befinden. Da es aber außer den Ereignisteilchen nichts anderes gibt, kann dies nur bedeuten, dass der Punkt (p_1, p_2, p_3) des Raumes im *p-System* lediglich die Ansammlung der Ereignisteilchen $(p_1, p_2, p_3, [p_4])$ ist, wobei p_4 variiert und (p_1, p_2, p_3) fest gehalten wird. Die Feststellung, dass ein Punkt im Raum keine einfache Entität ist, ist etwas verwirrend, aber sie ergibt sich unmittelbar aus der relativen Raumtheorie.

Außerdem bestimmt der Marsbewohner Ereignis-Teilchen durch ein anderes Messsystem. Nennen wir sein System das *q-System*. Ihm zufolge bestimmt (q_1, q_2, q_3, q_4) ein Ereignis-Teilchen, und (q_1, q_2, q_3) bestimmt einen Punkt und q_4 eine Zeit. Aber die Ansammlung von Ereignis-Teilchen, die er sich als Punkt vorstellt, ist völlig verschieden von der Ansammlung, die der Mensch auf der Erde sich als Punkt vorstellt. So ist der *q-Raum* für den Menschen auf dem Mars ein ganz anderer als der *p-Raum* für den Landvermesser auf der Erde.

Wenn wir bisher vom Raum gesprochen haben, dann haben wir vom zeitlosen Raum der Naturwissenschaft gesprochen, nämlich von unserem Konzept des ewigen Raums, in dem die Welt abläuft. Aber der Raum, den wir sehen, wenn wir uns umsehen, ist der momentane Raum. Wenn also unsere natürlichen Wahrnehmungen an das *p-System* der Messungen angepasst sind, sehen wir sofort alle Ereignisteilchen zu einem bestimmten

Zeitpunkt $_{p4}$ und beobachten eine Folge solcher Räume, während die Zeit fortschreitet. Der zeitlose Raum wird durch die Aneinanderreihung all dieser momentanen Räume erreicht. Die Punkte eines augenblicklichen Raumes sind Ereignisteilchen, und die Punkte eines ewigen Raumes sind Aneinanderreihungen von Ereignisteilchen, die nacheinander auftreten. Aber der Mensch auf dem Mars wird niemals die gleichen momentanen Räume wahrnehmen wie der Mensch auf der Erde. Dieses System der momentanen Räume wird das System des Erdenmenschen durchschneiden. Für den Erdenmenschen gibt es einen momentanen Raum, der die momentane Gegenwart ist, es gibt die vergangenen Räume und die zukünftigen Räume. Aber der gegenwärtige Raum des Menschen auf dem Mars schneidet den gegenwärtigen Raum des Menschen auf der Erde. Von den Ereignisteilchen, die der Erdenmensch als jetzt in der Gegenwart stattfindend betrachtet, denkt der Marsmensch, dass einige bereits Vergangenheit sind und zur alten Geschichte gehören, dass andere in der Zukunft liegen und wieder andere sich in der unmittelbaren Gegenwart befinden. Dieser Bruch in der sauberen Vorstellung von einer Vergangenheit, einer Gegenwart und einer Zukunft ist ein ernsthaftes Paradoxon. Ich nenne zwei Ereignis-Teilchen, die sich nach dem einen oder anderen Messsystem im selben momentanen Raum befinden, "co-präsente" Ereignis-Teilchen. Dann ist es möglich, dass A und B gemeinsam anwesend sind, und dass A und C gemeinsam anwesend sind, aber dass B und C nicht gemeinsam anwesend sind. Zum Beispiel gibt es in einer unvorstellbaren Entfernung von uns Ereignisse, die mit uns ko-präsent sind und auch mit der Geburt von Königin Victoria ko-präsent sind. Wenn A und B ko-präsent sind, wird es einige Systeme geben, in denen A vor B liegt und andere, in denen B vor A liegt. Auch kann es keine Geschwindigkeit geben, die schnell genug ist, um ein materielles Teilchen von A nach B oder von B nach A zu befördern. Diese unterschiedlichen Maßsysteme mit ihren Abweichungen in der Zeitrechnung sind rätselhaft und beleidigen in gewisser Weise unseren gesunden Menschenverstand. Es ist nicht die übliche Art und Weise, in der wir an das Universum denken. Wir denken an ein notwendiges Zeitsystem und einen notwendigen Raum. Nach der neuen Theorie gibt es eine unbestimmte Anzahl von nicht übereinstimmenden Zeitreihen und eine unbestimmte Anzahl von unterschiedlichen Räumen. Jedes korrelierte Paar, ein Zeitsystem und ein Raumsystem, reicht aus, um unsere Beschreibung des Universums zu erfüllen. Wir stellen fest, dass unter gegebenen Bedingungen unsere

148

Messungen notwendigerweise in einem Paar erfolgen, das zusammen unser natürliches Messsystem bildet. Die Schwierigkeit der nicht übereinstimmenden Zeitsysteme wird teilweise dadurch gelöst, dass man zwischen dem, was ich den schöpferischen Fortschritt der Natur nenne, der nicht wirklich seriell ist, und einer beliebigen Zeitreihe unterscheidet. Gewöhnlich verwechseln wir diesen schöpferischen Fortschritt, den wir als den immerwährenden Übergang der Natur in die Neuheit erleben und kennen, mit den einzelnen Zeitreihen, die wir natürlich zur Messung verwenden. Die verschiedenen Zeitreihen messen jeweils einen Aspekt des schöpferischen Fortschritts, und das ganze Bündel von ihnen drückt alle Eigenschaften dieses Fortschritts aus, die messbar sind. Der Grund, warum wir diesen Unterschied zwischen den Zeitreihen bisher nicht bemerkt haben, ist der sehr geringe Eigenschaftsunterschied zwischen zwei solchen Reihen. Alle beobachtbaren Phänomene, die auf diese Ursache zurückzuführen sind, hängen vom Quadrat des Verhältnisses der in die Beobachtung eingehenden Geschwindigkeit zur Lichtgeschwindigkeit ab. Nun braucht das Licht etwa fünfzig Minuten, um die Erdbahn zu umrunden, und die Erde braucht für dieselbe Strecke mehr als 17.531 halbe Stunden. Daher sind alle Auswirkungen dieser Bewegung in der Größenordnung des Verhältnisses von eins zum Quadrat von 10.000. Demnach haben ein Erd- und ein Sonnenmensch nur vernachlässigte Wirkungen, deren quantitative Größen alle den Faktor $1/10^8$ enthalten. Offensichtlich können solche Wirkungen nur durch genaueste Beobachtungen festgestellt werden. Sie sind jedoch beobachtet worden. Man vergleiche zwei Beobachtungen der Lichtgeschwindigkeit, die mit demselben Gerät gemacht wurden, während man es um einen rechten Winkel dreht. Die Geschwindigkeit der Erde relativ zur Sonne ist in einer Richtung, die Geschwindigkeit des Lichts relativ zum Äther sollte in allen Richtungen gleich sein. Wenn also der Raum, wenn wir den Äther als in Ruhe befindlich betrachten, dasselbe bedeutet wie der Raum, wenn wir die Erde als in Ruhe befindlich betrachten, müssten wir feststellen, dass die Geschwindigkeit des Lichts relativ zur Erde je nach der Richtung, aus der es kommt, variiert.

Diese Beobachtungen auf der Erde bilden das Grundprinzip der berühmten Experimente, mit denen die Bewegung der Erde durch den Äther nachgewiesen werden sollte. Sie alle wissen, dass diese Experimente überraschenderweise zu einem Null-Ergebnis führten. Dies erklärt sich vollständig aus der Tatsache, dass das Raum- und Zeitsystem, das wir benutzen, sich in gewisser Weise von dem Raum und der Zeit relativ zur Sonne oder relativ zu jedem anderen Körper unterscheidet, in Bezug auf den sie sich bewegt.

Diese ganze Diskussion über die Natur von Zeit und Raum hat eine große Schwierigkeit über unseren Horizont gehoben, die die Formulierung aller ultimativen Gesetze der Physik betrifft - zum Beispiel die Gesetze des elektromagnetischen Feldes und das Gesetz der Gravitation. Nehmen wir das Gesetz der Gravitation als Beispiel. Es lässt sich wie folgt formulieren: Zwei materielle Körper ziehen sich gegenseitig mit einer Kraft an, die proportional zum Produkt ihrer Massen und umgekehrt proportional zum Quadrat ihrer Abstände ist. In dieser Aussage wird davon ausgegangen, dass die Körper klein genug sind, um als materielle Teilchen im Verhältnis zu ihren Abständen behandelt zu werden; und wir brauchen uns nicht weiter um diesen unwichtigen Punkt zu kümmern. Die Schwierigkeit, auf die ich Ihre Aufmerksamkeit lenken möchte, ist die folgende: In der Formulierung des Gesetzes werden eine bestimmte Zeit und ein bestimmter Raum vorausgesetzt. Man nimmt an, dass sich die beiden Massen gleichzeitig in einer bestimmten Position befinden.

Aber was in einem Zeitsystem simultan ist, kann in einem anderen Zeitsystem nicht simultan sein. Nach unseren neuen Ansichten ist das Gesetz in dieser Hinsicht also nicht so formuliert, dass es eine genaue Bedeutung hat. Eine analoge Schwierigkeit ergibt sich auch bei der Frage des Abstands. Der Abstand zwischen zwei momentanen Positionen, d.*h.* zwischen zwei Ereignis-Teilchen, ist in verschiedenen Raumsystemen unterschiedlich. Welcher Raum ist zu wählen? Auch hier fehlt es dem Gesetz an einer präzisen Formulierung, wenn die Relativitätstheorie akzeptiert wird. Unser Problem besteht darin, eine neue Interpretation des Gravitationsgesetzes zu finden, bei der diese Schwierigkeiten umgangen werden. In erster Linie müssen wir bei der Formulierung unserer grundlegenden Ideen die Abstraktionen von Raum und Zeit vermeiden und zu den letzten Tatsachen der Natur zurückkehren, nämlich zu den Ereignissen. Auch um die ideale Einfachheit der Ausdrücke für die Beziehungen zwischen den Ereignissen zu finden, beschränken wir uns auf Ereignis-Teilchen. So ist das Leben eines materiellen Teilchens sein Abenteuer inmitten einer Spur von Ereignisteilchen, die sich als kontinuierliche Reihe oder Pfad in der vierdimensionalen Raum-Zeit-Mannigfaltigkeit aufreihen. Diese Ereignis-Teilchen sind die verschiedenen Situationen des materiellen Teilchens. Wir drücken diese Tatsache gewöhnlich aus, indem wir unser natürliches Raum-Zeit-System übernehmen und vom Weg des materiellen Teilchens im Raum sprechen, wie er zu aufeinanderfolgenden Zeitpunkten existiert.

Wir müssen uns fragen, welches die Naturgesetze sind, die das materielle Teilchen dazu bringen, genau diesen Weg unter den Ereignis-Teilchen einzuschlagen und keinen anderen. Betrachten wir den Weg als Ganzes. Welche Eigenschaft hat dieser Weg, die nicht auch jeder andere, leicht abgewandelte Weg haben würde? Wir verlangen mehr als ein Gravitationsgesetz. Wir wollen Bewegungsgesetze und eine allgemeine Vorstellung davon, wie man die Auswirkungen physikalischer Kräfte formulieren kann.

Um unsere Frage zu beantworten, stellen wir die Idee der anziehenden Massen in den Hintergrund und konzentrieren die Aufmerksamkeit auf das Wirkungsfeld der Ereignisse in der Nähe des Weges. Damit handeln wir in Übereinstimmung mit der gesamten Tendenz des wissenschaftlichen Denkens der letzten hundert Jahre, die die Aufmerksamkeit mehr und mehr auf das Kraftfeld als das unmittelbare Agens bei der Lenkung der Bewegung konzentriert hat, unter Ausschluss der Betrachtung der unmittelbaren gegenseitigen Beeinflussung zwischen zwei entfernten Körpern. Wir müssen einen Weg finden, um das Aktivitätsfeld von Ereignissen in der Nähe eines bestimmten Ereignis-Teilchens E der vierdimensionalen Mannigfaltigkeit auszudrücken. Ich bringe eine fundamentale physikalische Idee ein, die ich den "Impuls" nenne, um dieses physikalische Feld auszudrücken. Das Ereignis-Teilchen E ist mit jedem benachbarten Ereignis-Teilchen P durch ein Element des Impulses verbunden. Die Gesamtheit aller Impulselemente, die E mit der Gesamtheit der Ereignisteilchen in der Nachbarschaft von E verbinden, drückt den Charakter des Aktivitätsfeldes in der Nachbarschaft von E aus. Wo ich mich von Einstein unterscheide, ist, dass er diese Größe, die ich Impuls nenne, lediglich als Ausdruck des Charakters des Raums und der Zeit versteht, die angenommen werden müssen, und so endet er damit, dass er vom Gravitationsfeld spricht, das eine Krümmung im Raum-Zeit-Mannigfaltigen ausdrückt. Ich kann seiner Interpretation von Raum und Zeit keine klare Vorstellung anhängen. Meine Formeln weichen leicht von seinen ab, obwohl sie in den Fällen übereinstimmen, in denen seine Ergebnisse verifiziert wurden. Ich brauche wohl kaum zu erwähnen, dass ich mich bei der Formulierung des Gravitationsgesetzes auf die allgemeine Methode gestützt habe, die seine große Entdeckung darstellt.

Einstein hat gezeigt, wie man die Eigenschaften der Ansammlung von Impulselementen des Feldes, das ein Ereignis-Teilchen E umgibt, in Form von zehn Größen ausdrücken kann, die ich J_{11}, J_{12} $(=J_{21})$, J_{22}, J_{23} $(=J_{32})$ usw. nennen werde. Man wird feststellen, dass es vier raum-zeitliche Messungen gibt, die E mit seinem Nachbarn P *in* Beziehung setzen, und dass es zehn Paare solcher Messungen gibt, wenn es erlaubt ist, jede Messung zweimal zu nehmen, um ein solches Paar zu bilden. Die zehn J hängen lediglich von der Position von E in der vierdimensionalen Mannigfaltigkeit ab, und das Impulselement zwischen E und P kann durch die zehn J und die zehn Paare der vier raum-zeitlichen Messungen in Bezug auf E und P ausgedrückt werden. Die numerischen Werte der J hängen von dem verwendeten Messsystem ab, sind aber so an das jeweilige System angepasst, dass der gleiche Wert für das Impulselement zwischen E und P erhalten wird, unabhängig vom verwendeten Messsystem. Diese Tatsache wird ausgedrückt, indem man sagt, dass die zehn J einen "Tensor" bilden. Es ist nicht übertrieben zu sagen, dass die Ankündigung, dass die Physiker in Zukunft die Tensortheorie studieren müssten, eine regelrechte Panik unter ihnen auslöste, als die Überprüfung der Vorhersagen Einsteins zum ersten Mal bekannt gegeben wurde.

Die zehn J bei einem beliebigen Ereignis-Teilchen E können durch zwei Funktionen ausgedrückt werden, die ich das Potential und das "Assoziationspotential" bei E nenne. Das Potential ist praktisch das, was mit dem gewöhnlichen Gravitationspotential gemeint ist, wenn wir uns in Begriffen des euklidischen Raums ausdrücken, in Bezug auf den die anziehende Masse in Ruhe ist. Das Assoziationspotential wird definiert, indem man in der Definition des Potentials den direkten Abstand durch den inversen Abstand ersetzt, und seine Berechnung kann leicht von der des herkömmlichen Potentials abhängig gemacht werden. Die Berechnung der *J-Koeffizienten* - der Impetuskoeffizienten, wie ich sie nennen werde - erfordert also nichts Revolutionäres in den mathematischen Kenntnissen der Physiker. Wir kehren nun zum Weg des angezogenen Teilchens zurück. Wir addieren alle Impulselemente auf dem gesamten Weg und erhalten so das, was ich den "integralen Impuls" nenne. Die Besonderheit der aktuellen Bahn im Vergleich zu den benachbarten alternativen Bahnen besteht darin, dass die integrale Impulskraft auf den aktuellen Bahnen weder zunimmt noch abnimmt, wenn das Teilchen aus der Bahn in eine kleine, extrem nahe alternative Bahn ausweicht. Mathematiker würden dies so ausdrücken, dass der integrale Impuls für eine infinitesimale Verschiebung stationär ist. In dieser Aussage des Bewegungsgesetzes habe ich die Existenz anderer Kräfte vernachlässigt. Aber das würde mich zu weit führen.

Die elektromagnetische Theorie muss geändert werden, um das Vorhandensein eines Gravitationsfeldes zu berücksichtigen. So führen Einsteins Untersuchungen zur ersten Entdeckung eines Zusammenhangs zwischen der Schwerkraft und anderen physikalischen Phänomenen. In der Form, in der ich diese Modifikation formuliert habe, leiten wir Einsteins grundlegendes Prinzip für die Bewegung des Lichts entlang seiner Strahlen in erster Näherung ab , das für unendlich kurze Wellen absolut wahr ist. Einsteins Prinzip, das auf diese Weise teilweise verifiziert wurde, besagt in meiner Sprache, dass ein Lichtstrahl immer einem Weg folgt, bei dem der integrale Impuls entlang des Weges Null ist. Dies bedeutet, dass jedes Element des Impulses entlang des Weges gleich Null ist.

Zum Schluss muss ich mich entschuldigen. In erster Linie habe ich die verschiedenen aufregenden Eigenheiten der ursprünglichen Theorie erheblich abgeschwächt und sie auf eine größere Übereinstimmung mit der älteren Physik reduziert. Ich lasse nicht zu, dass physikalische Phänomene auf Merkwürdigkeiten des Raums zurückzuführen sind. Auch habe ich die Langweiligkeit des Vortrags durch meine Rücksichtnahme auf das Publikum verstärkt. Sie hätten sich über einen populäreren Vortrag mit Illustrationen reizvoller Paradoxien gefreut. Aber ich weiß auch, dass Sie ernsthafte Studenten sind, die hier sind, weil sie wirklich wissen wollen, wie sich die neuen Theorien auf ihre wissenschaftlichen Forschungen auswirken können.

KAPITEL IX
DIE ULTIMATIVEN PHYSIKALISCHEN KONZEPTE

Im zweiten Kapitel dieses Buches wird der erste Grundsatz dargelegt, den wir bei der Ausarbeitung unseres physikalischen Konzepts beachten müssen. Wir müssen eine bösartige Zweiteilung vermeiden. Die Natur ist nichts anderes als die Befreiung von der Sinneswahrnehmung. Wir haben keine Prinzipien, die uns sagen könnten, was den Geist zur Sinneswahrnehmung anregen könnte. Unsere einzige Aufgabe ist es, in einem System die Charaktere und Wechselbeziehungen all dessen, was wir beobachten, darzustellen. Unsere Haltung gegenüber der Natur ist rein "behavioristisch", soweit es die Formulierung physikalischer Begriffe betrifft.

Unsere Kenntnis der Natur ist eine Erfahrung der Aktivität (oder des Durchgangs). Die zuvor beobachteten Dinge sind aktive Einheiten, die "Ereignisse". Sie sind Stücke im Leben der Natur. Diese Ereignisse haben zueinander Beziehungen, die sich in unserem Wissen in Raum- und Zeitbeziehungen unterscheiden. Aber diese Unterscheidung zwischen Raum und Zeit ist, obwohl sie der Natur innewohnt, vergleichsweise oberflächlich; und Raum und Zeit sind jeweils Teilausdrücke einer grundlegenden Beziehung zwischen Ereignissen, die weder räumlich noch zeitlich ist. Diese Beziehung nenne ich "Ausdehnung". Die Beziehung der "Ausdehnung über" ist die Beziehung des "Einschließens", entweder in einem räumlichen oder in einem zeitlichen Sinn oder in beiden. Aber die bloße "Einbeziehung" ist grundlegender als jede der beiden Alternativen und erfordert keine raum-zeitliche Unterscheidung. In Bezug auf die Ausdehnung sind zwei Ereignisse so aufeinander bezogen, dass entweder (i) das eine das andere einschließt, oder (ii) das eine das andere überlappt, ohne es vollständig einzuschließen, oder (iii) sie völlig voneinander getrennt sind. Bei der Definition von räumlichen und zeitlichen Elementen auf dieser Grundlage ist jedoch große Vorsicht geboten, um stillschweigende Beschränkungen zu vermeiden, die tatsächlich von unbestimmten Beziehungen und Eigenschaften abhängen.

Solche Irrtümer lassen sich vermeiden, wenn wir zwei Elemente in unserer Erfahrung berücksichtigen, nämlich (i) unsere beobachtete "Gegenwart" und (ii) unser "wahrnehmendes Ereignis".

154

Unsere beobachtende "Gegenwart" ist das, was ich "Dauer" nenne. Sie ist die Gesamtheit der Natur, die wir in unserer unmittelbaren Beobachtung wahrnehmen. Sie hat also den Charakter eines Ereignisses, besitzt aber eine eigentümliche Vollständigkeit, die solche Dauern als eine besondere, der Natur innewohnende Art von Ereignissen kennzeichnet. Eine Dauer ist nicht augenblicklich. Sie ist alles, was es in der Natur gibt, mit gewissen zeitlichen Beschränkungen. Im Gegensatz zu anderen Ereignissen wird eine Dauer als unendlich bezeichnet, und die anderen Ereignisse sind endlich [10]. In unserer Kenntnis einer Dauer unterscheiden wir (i) bestimmte eingeschlossene Ereignisse, die hinsichtlich ihrer eigentümlichen Individualität besonders unterschieden werden, und (ii) die übrigen eingeschlossenen Ereignisse, die nur aufgrund ihrer Beziehungen zu den unterschiedenen Ereignissen und zur gesamten Dauer als notwendigerweise existierend erkannt werden. Die Dauer als Ganzes wird [11] durch die Eigenschaft der Verwandtschaft (in Bezug auf die Ausdehnung) bezeichnet, die der Teil besitzt, der unmittelbar beobachtet wird, nämlich durch die Tatsache, dass es im Wesentlichen ein Jenseits zu dem gibt, was beobachtet wird. Ich meine damit, daß jedes Ereignis als auf andere Ereignisse bezogen bekannt ist, die es nicht einschließt. Diese Tatsache, dass man weiß, dass jedes Ereignis die Eigenschaft des Ausschlusses besitzt, zeigt, dass der Ausschluss eine ebenso positive Beziehung ist wie der Einschluss. Natürlich gibt es in der Natur keine rein negativen Beziehungen, und der Ausschluss ist nicht das bloße Negativ des Einschlusses, obwohl die beiden Beziehungen konträr sind. Beide Relationen beziehen sich ausschließlich auf Ereignisse, und die Exklusion lässt sich logisch durch die Inklusion definieren.

[10] Vgl. die Anmerkung zu "Bedeutung"

[11] Vgl. Kap. III,

Die vielleicht offensichtlichste Ausstellung von Bedeutung ist in unserem Wissen über den geometrischen Charakter von Ereignissen innerhalb eines undurchsichtigen materiellen Objekts zu finden. Wir wissen zum Beispiel, dass eine undurchsichtige Kugel einen Mittelpunkt hat. Dieses Wissen hat nichts mit dem Material zu tun; die Kugel kann eine massive, gleichförmige Billardkugel oder ein hohler Rasen-Tennisball sein. Dieses Wissen ist im Wesentlichen ein Produkt der Bedeutung, denn der allgemeine Charakter der von außen unterschiedenen Ereignisse hat uns darüber informiert, dass es Ereignisse innerhalb der Kugel gibt, und hat uns auch über ihre geometrische Struktur informiert.

Einige Kritiken zu den "Grundsätzen der Naturerkenntnis" zeigen, dass es schwierig ist, Zeiträume als reale Schichtung der Natur zu begreifen. Ich denke, dass dieses Zögern auf den unbewussten Einfluss des bösartigen Prinzips der Bifurkation zurückzuführen ist, das im modernen philosophischen Denken so tief verankert ist. Wir beobachten die Natur als ausgedehnt in einer unmittelbaren Gegenwart, die simultan, aber nicht augenblicklich ist, und deshalb bildet das Ganze, das unmittelbar als ein zusammenhängendes System erkannt oder bezeichnet wird, eine Schichtung der Natur, die eine physikalische Tatsache ist. Diese Schlussfolgerung ergibt sich unmittelbar, es sei denn, wir lassen eine Zweiteilung in Form des hier abgelehnten Prinzips der psychischen Additionen zu.

Unser "Wahrnehmungsereignis" ist das Ereignis, das in unserer Beobachtungsgegenwart enthalten ist und das wir als unseren Wahrnehmungsstandpunkt in besonderer Weise erkennen. Es ist, grob gesagt, das Ereignis, das unser körperliches Leben in der gegenwärtigen Dauer ist. Die Theorie der Wahrnehmung, wie sie von der medizinischen Psychologie entwickelt wurde, basiert auf der Bedeutung. Die entfernte Situation eines wahrgenommenen Objekts ist uns lediglich als Signifikat unseres körperlichen Zustands, d. *h.* unseres Wahrnehmungsereignisses, bekannt. Tatsächlich erfordert die Wahrnehmung die sinnliche Wahrnehmung der Bedeutungen unseres Wahrnehmungsereignisses zusammen mit der sinnlichen Wahrnehmung einer besonderen Beziehung (Situation) zwischen bestimmten Objekten und den so bezeichneten Ereignissen. Unser Wahrnehmungsereignis wird dadurch gerettet, dass es durch diese Tatsache seiner Bedeutungen das Ganze der Natur ist. Das ist der Sinn, wenn wir das wahrnehmende Ereignis unseren Wahrnehmungsstandpunkt nennen. Der Verlauf eines Lichtstrahls ist nur derivativ mit der Wahrnehmung verbunden. Was wir wahrnehmen, sind Gegenstände, die mit Ereignissen verbunden sind, die durch die vom Lichtstrahl erregten körperlichen Zustände bezeichnet werden. Diese bezeichneten Ereignisse (wie z.B. Bilder hinter einem Spiegel) können mit dem tatsächlichen Verlauf des Strahls sehr wenig zu tun haben. Im Laufe der Evolution haben jene Tiere überlebt, deren Sinneswahrnehmung sich auf jene Bedeutungen ihrer Körperzustände konzentriert, die im Durchschnitt für ihr Wohlergehen wichtig sind. Die ganze Welt der Ereignisse ist bedeutungsvoll, aber es gibt einige, die die Todesstrafe für Unaufmerksamkeit fordern.

Das wahrnehmende Ereignis ist immer hier und jetzt in der damit verbundenen gegenwärtigen Dauer. Es hat sozusagen eine absolute Position in dieser Dauer. So ist eine bestimmte Dauer mit einem bestimmten Wahrnehmungsereignis verbunden, und wir sind uns also einer besonderen Beziehung bewusst, die endliche Ereignisse zu Dauern haben können. Ich nenne diese Beziehung "Kogredienz". Der Begriff der Ruhe leitet sich von dem der Kogredienz ab, und der Begriff der Bewegung leitet sich von dem der Einbeziehung in eine Dauer ohne Kogredienz mit ihr ab. In der Tat ist Bewegung eine Beziehung (von unterschiedlichem Charakter) zwischen einem beobachteten Ereignis und einer beobachteten Dauer, und Kogredienz ist die einfachste Art oder Unterart von Bewegung. Zusammenfassend lässt sich sagen, dass eine Dauer und ein wahrnehmendes Ereignis wesentlich am allgemeinen Charakter jeder Naturbeobachtung beteiligt sind, und dass das wahrnehmende Ereignis mit der Dauer kogredient ist.

Unser Wissen über die besonderen Merkmale verschiedener Ereignisse hängt von unserer Fähigkeit zum Vergleich ab. Ich nenne die Ausübung dieses Faktors in unserem Wissen "Erkennen", und das erforderliche Sinnesbewusstsein für die vergleichbaren Charaktere nenne ich "Sinneserkenntnis". Erkennen und Abstrahieren bedingen sich im Wesentlichen gegenseitig. Jedes von ihnen stellt eine Erkenntniseinheit dar, die weniger ist als die konkrete Tatsache, aber ein wirklicher Faktor in dieser Tatsache ist. Die konkreteste Tatsache, die getrennt unterschieden werden kann, ist das Ereignis. Wir können nicht abstrahieren ohne zu erkennen, und wir können nicht erkennen ohne zu abstrahieren. Die Wahrnehmung beinhaltet das Erfassen des Ereignisses und das Erkennen der Faktoren, die seinen Charakter ausmachen.

Die erkannten Dinge sind das, was ich "Objekte" nenne. In diesem allgemeinen Sinn des Begriffs ist die Beziehung der Ausdehnung selbst ein Objekt. In der Praxis schränke ich den Begriff jedoch auf diejenigen Objekte ein, von denen man in irgendeinem Sinne sagen kann, dass sie eine Situation in einem Ereignis haben; nämlich in dem Satz "Da ist es wieder" schränke ich das "da" auf die Angabe eines besonderen Ereignisses ein, das die Situation des Objekts ist. Dennoch gibt es verschiedene Arten von Objekten, und Aussagen, die für Objekte einer Art wahr sind, sind im Allgemeinen nicht für Objekte anderer Arten wahr. Die Objekte, mit denen wir uns hier bei der Formulierung der physikalischen Gesetze befassen, sind materielle Objekte, wie z. B. Materieteile, Moleküle und Elektronen. Ein Objekt einer dieser Arten hat Beziehungen zu anderen Ereignissen als denen , die zum Strom seiner Situationen gehören. Die Tatsache, dass es sich innerhalb dieses Stroms befindet, hat allen anderen Ereignissen bestimmte Modifikationen ihres Charakters aufgeprägt. In Wahrheit kann das Objekt in seiner Vollständigkeit als eine spezifische Menge korrelierter Modifikationen des Charakters aller Ereignisse aufgefasst werden, mit der Eigenschaft, dass diese Modifikationen eine bestimmte Fokaleigenschaft für die Ereignisse erreichen, die zum Strom seiner Situationen gehören. Die Gesamtheit der Modifikationen des Charakters von Ereignissen aufgrund der Existenz eines Objekts in einem Strom von Situationen ist das, was ich das "physikalische Feld" aufgrund des Objekts nenne. Aber das Objekt kann nicht wirklich von seinem Feld getrennt werden. Das Objekt ist in der Tat nichts anderes als die systematisch eingestellte Menge von Modifikationen des Feldes. Die konventionelle Beschränkung des Objekts auf den fokalen Strom von Ereignissen, in dem es sich angeblich "befindet", ist für einige Zwecke praktisch, aber sie verschleiert die letzte Tatsache der Natur. Unter diesem Gesichtspunkt ist die Antithese zwischen Fernwirkung und Übertragungswirkung bedeutungslos. Die Lehre dieses Absatzes ist nichts anderes als eine andere Art, die unauflösbare Mehrfachbeziehung eines Objekts zu den Ereignissen auszudrücken.

Ein vollständiges Zeitsystem wird durch eine beliebige Familie von parallelen Zeitdauern gebildet. Zwei Zeitdauern sind parallel, wenn entweder (i) die eine die andere einschließt, oder (ii) sie sich so überschneiden, dass sie eine dritte, beiden gemeinsame Zeitdauer einschließen, oder (iii) sie völlig getrennt sind. Ausgeschlossen ist der Fall, dass sich zwei Zeiträume so überschneiden, dass sie ein Aggregat endlicher Ereignisse, aber keinen anderen vollständigen Zeitraum gemeinsam haben. Die Anerkennung der Tatsache, dass es eine unbestimmte Anzahl von Familien paralleler Zeitdauern gibt, unterscheidet das hier vorgestellte Konzept der Natur von dem älteren orthodoxen Konzept von der im Wesentlichen einzigartigen Zeitsysteme. Seine Abweichung von Einsteins Naturbegriff wird später kurz angedeutet.

Die augenblicklichen Räume eines gegebenen Zeitsystems sind die idealen (nicht existierenden) Zeitdauern mit einer zeitlichen Dicke von Null, die durch Annäherungsstrecken entlang von Reihen angegeben werden, die durch Zeitdauern der zugehörigen Familie gebildet werden. Jeder solche momentane Raum stellt das Ideal der Natur in einem Augenblick dar und ist auch ein Moment der Zeit. Jedes Zeitsystem besitzt also ein Aggregat von Momenten, die nur ihm gehören. Jedes Ereignis-Teilchen liegt in einem und nur einem Moment eines gegebenen

Zeitsystems. Ein Ereignis-Teilchen hat drei Eigenschaften [12]: (i) seinen extrinsischen Charakter, d.h. seine Eigenschaft als bestimmter Konvergenzweg zwischen Ereignissen, (ii) seinen intrinsischen Charakter, d.h. die besondere Qualität der Natur in seiner Umgebung, nämlich die Eigenschaft des physikalischen Feldes in der Umgebung, und (iii) seine Position.

[12] Vgl. Kap. IV.

Die Position eines Ereignis-Teilchens ergibt sich aus der Gesamtheit der Momente (keine zwei aus derselben Familie), in denen es sich befindet. Wir richten unsere Aufmerksamkeit auf einen dieser Momente, dem wir uns durch die kurze Dauer unserer unmittelbaren Erfahrung annähern, und wir drücken die Position als die Position in diesem Moment aus. Aber das Ereignis-Teilchen erhält seine Position im Moment M durch die Gesamtheit der anderen Momente M', M'' usw., in denen es sich ebenfalls befindet. Die Differenzierung von M in eine Geometrie von Ereignis-Teilchen (Momentanpunkten) drückt die Differenzierung von M durch seine Schnittpunkte mit Momenten fremder Zeitsysteme aus. Auf diese Weise finden Ebenen und Geraden und Ereignis-Teilchen selbst zu ihrem Sein. Auch die Parallelität von Ebenen und Geraden ergibt sich aus der Parallelität der Momente ein und desselben Zeitsystems, die M schneiden. Ebenso ergibt sich die Ordnung paralleler Ebenen und von Ereignisteilchen auf Geraden aus der zeitlichen Ordnung dieser sich schneidenden Momente. Die Erklärung wird hier nicht gegeben [13]. Es genügt nun, die Quellen zu nennen, aus denen die gesamte Geometrie ihre physikalische Erklärung erhält.

[13] Vgl. *Grundsätze der Naturerkenntnis* und frühere Kapitel des vorliegenden Werkes.

Die Korrelation der verschiedenen momentanen Räume eines Zeitsystems wird durch die Beziehung der Kogredienz erreicht. Offensichtlich ist die Bewegung in einem momentanen Raum bedeutungslos. Bewegung drückt einen Vergleich zwischen der Position in einem momentanen Raum mit Positionen in anderen momentanen Räumen desselben Zeitsystems aus. Die Kogredienz liefert das einfachste Ergebnis eines solchen Vergleichs, nämlich die Ruhe.

Bewegung und Ruhe sind unmittelbar beobachtbare Tatsachen. Sie sind relativ in dem Sinne, dass sie vom Zeitsystem abhängen, das für die Beobachtung grundlegend ist. Eine Kette von Ereignisteilchen, deren aufeinanderfolgende Besetzung in dem gegebenen Zeitsystem Ruhe bedeutet, bildet einen zeitlosen Punkt in dem zeitlosen Raum dieses Zeitsystems. Auf diese Weise besitzt jedes Zeitsystem seinen eigenen permanenten zeitlosen Raum, der nur ihm eigen ist, und jeder solche Raum setzt sich aus zeitlosen Punkten zusammen, die zu diesem Zeitsystem und zu keinem anderen gehören. Die Paradoxien der Relativitätstheorie ergeben sich aus der Vernachlässigung der Tatsache, dass unterschiedliche Annahmen über die Ruhe dazu führen, dass die Tatsachen der physikalischen Wissenschaft in Form von völlig unterschiedlichen Räumen und Zeiten ausgedrückt werden, in denen Punkte und Momente unterschiedliche Bedeutungen haben.

Die Quelle der Ordnung wurde bereits angedeutet und die der Kongruenz ist nun gefunden. Sie hängt von der Bewegung ab. Aus der Kogredienz ergibt sich die Rechtwinkligkeit; und aus der Rechtwinkligkeit in Verbindung mit der reziproken Symmetrie zwischen den Beziehungen zweier beliebiger Zeitsysteme ist die Kongruenz sowohl in der Zeit als auch im Raum vollständig definiert (vgl. *a.a.O.*).

Die sich daraus ergebenden Formeln sind die der elektromagnetischen Relativitätstheorie oder, wie sie jetzt genannt wird, der beschränkten Theorie. Aber es gibt einen entscheidenden Unterschied: Die kritische Geschwindigkeit c, die in diesen Formeln vorkommt, hat nun keinerlei Verbindung zum Licht oder zu irgendeiner anderen Tatsache des physikalischen Feldes (im Unterschied zur Dehnungsstruktur der Ereignisse). Sie kennzeichnet einfach die Tatsache, dass unsere Kongruenzbestimmung sowohl Zeiten als auch Räume in einem universellen System umfasst, und deshalb, wenn man zwei beliebige Einheiten wählt, eine für alle Räume und eine für alle Zeiten, wird ihr Verhältnis eine Geschwindigkeit sein, die eine grundlegende Eigenschaft der Natur ist und die Tatsache ausdrückt, dass Zeiten und Räume wirklich vergleichbar sind.

Die physikalischen Eigenschaften der Natur werden in Form von materiellen Objekten (Elektronen usw.) ausgedrückt. Der physikalische Charakter eines Ereignisses ergibt sich aus der Tatsache, dass es zum Bereich des gesamten Komplexes solcher Objekte gehört. Aus einem anderen Blickwinkel können wir sagen, dass diese Objekte nichts anderes sind als unsere Art, die gegenseitige Korrelation der physikalischen Eigenschaften von Ereignissen auszudrücken.

Die raum-zeitliche Messbarkeit der Natur ergibt sich aus (i) der Ausdehnungsbeziehung zwischen Ereignissen, (ii) dem geschichteten

Charakter der Natur, der sich aus jedem der alternativen Zeitsysteme ergibt, und (iii) Ruhe und Bewegung, wie sie sich in den Beziehungen endlicher Ereignisse zu Zeitsystemen zeigen. Keine dieser Quellen der Messung hängt von den physikalischen Eigenschaften endlicher Ereignisse ab, wie sie sich in den situierten Objekten zeigen. Sie sind völlig bedeutungslos für Ereignisse, deren physikalische Eigenschaften unbekannt sind. Somit sind die raum-zeitlichen Messungen unabhängig von den objektiven physikalischen Eigenschaften. Darüber hinaus konstruiert der Charakter unseres Wissens über eine ganze Dauer, der sich im Wesentlichen aus der Bedeutung des Teils innerhalb des unmittelbaren Unterscheidungsfeldes ableitet, diese für uns als einheitliches Ganzes, das in seiner Ausdehnung unabhängig von den unbeobachteten Eigenschaften entfernter Ereignisse ist. Es gibt nämlich ein bestimmtes Ganzes der Natur, das gleichzeitig gegenwärtig ist, was auch immer der Charakter der entfernten Ereignisse sein mag. Diese Überlegung bestärkt die vorherige Schlussfolgerung. Diese Schlussfolgerung führt zur Behauptung der wesentlichen Einheitlichkeit der momentanen Räume der verschiedenen Zeitsysteme, und von dort zur Einheitlichkeit der zeitlosen Räume, von denen es in jedem Zeitsystem einen gibt.

Die oben dargelegte Analyse des allgemeinen Charakters der beobachteten Natur bietet Erklärungen für verschiedene grundlegende Beobachtungstatsachen: (α) Sie erklärt die Unterscheidung der einen Qualität der Ausdehnung in Zeit und Raum. (β) Sie gibt den beobachteten Tatsachen der geometrischen und zeitlichen Lage, der geometrischen und zeitlichen Ordnung sowie der geometrischen Geradheit und Ebenheit einen Sinn. (γ) Sie wählt ein bestimmtes System der Kongruenz, das sowohl den Raum als auch die Zeit umfasst, und erklärt so die Übereinstimmung der Messungen, die in der Praxis erreicht wird. (δ) Sie erklärt (in Übereinstimmung mit der Relativitätstheorie) die beobachteten Rotationsphänomene, *z.B. das* Foucaultsche Pendel, die äquatoriale Ausbuchtung der Erde, die festen Rotationssinne der Wirbelstürme und Antizyklone und den Kreiselkompass. Sie tut dies, indem sie eine bestimmte Schichtung der Natur anerkennt, die durch den Charakter unserer Kenntnis der Natur selbst offengelegt wird. (ε) Die unter dargelegten Erklärungen der Bewegung sind grundlegender als die unter (δ) dargelegten; denn sie erklären, was mit der Bewegung selbst gemeint ist. Die beobachtete Bewegung eines ausgedehnten Objekts ist die Beziehung seiner verschiedenen Zustände zu der Schichtung der Natur, die durch das der Beobachtung zugrunde liegende Zeitsystem ausgedrückt wird. Diese Bewegung drückt eine reale Beziehung des Objekts zum Rest der Natur aus. Der quantitative Ausdruck dieser Beziehung variiert je nach dem Zeitsystem, das für ihren Ausdruck gewählt wurde.

Diese Theorie spricht dem Licht keinen besonderen Charakter zu, der über den hinausgeht, der anderen physikalischen Phänomenen wie dem Schall zukommt. Es gibt keinen Grund für eine solche Unterscheidung. Einige Objekte kennen wir nur durch das Sehen, andere nur durch den Schall und wieder andere weder durch das Licht noch durch den Schall, sondern durch den Tastsinn, den Geruch oder auf andere Weise. Die Geschwindigkeit des Lichts variiert je nach Medium, ebenso wie die des Schalls. Das Licht bewegt sich unter bestimmten Bedingungen auf gekrümmten Bahnen, ebenso der Schall. Sowohl Licht als auch Schall sind Wellen der Störung im physikalischen Charakter der Ereignisse; und (wie oben, festgestellt wurde) ist der tatsächliche Verlauf des Lichts für die Wahrnehmung nicht wichtiger als der tatsächliche Verlauf des Schalls. Die gesamte Naturphilosophie auf das Licht zu gründen, ist eine haltlose Annahme. Die Michelson-Morley- und ähnliche Experimente zeigen, dass die Lichtgeschwindigkeit innerhalb der Grenzen unserer Ungenauigkeit der Beobachtung eine Annäherung an die kritische Geschwindigkeit "c" ist, die das Verhältnis zwischen unseren Raum- und Zeiteinheiten ausdrückt. Es ist beweisbar, dass die Annahme über das Licht, mit der diese Experimente und der Einfluss des Gravitationsfeldes auf die Lichtstrahlen erklärt werden, *als Näherung* aus den Gleichungen des elektromagnetischen Feldes ableitbar ist. Diese macht es völlig überflüssig, das Licht von anderen physikalischen Phänomenen zu unterscheiden, da es einen besonderen fundamentalen Charakter besitzt.

Es ist zu beachten, dass die Messung der ausgedehnten Natur mit Hilfe ausgedehnter Objekte bedeutungslos ist, abgesehen von einer beobachteten Tatsache der Gleichzeitigkeit, die der Natur innewohnt und nicht nur ein Gedankenspiel ist. Andernfalls hat das Konzept der einmaligen Präsentation des ausgedehnten Messstabs AB keinen Sinn. Warum nicht AB', wobei B' das Ende B fünf Minuten später ist? Die Messung setzt für ihre Möglichkeit die Gleichzeitigkeit und ein beobachtetes Objekt voraus, das damals und heute anwesend ist. Mit anderen Worten, die Messung einer ausgedehnten Natur erfordert irgendeinen inhärenten Charakter in der Natur, der eine Regel der Darstellung von Ereignissen ermöglicht. Außerdem kann die Kongruenz nicht durch die Beständigkeit des Messstabs definiert werden. Die Dauerhaftigkeit ist selbst bedeutungslos, abgesehen von einer unmittelbaren Beurteilung der Selbstkongruenz. Wie

162

unterscheidet sich sonst eine elastische Schnur von einem starren Messstab? Beide bleiben ein und dasselbe selbstidentische Objekt. Warum ist das eine ein möglicher Messstab und das andere nicht? Die Bedeutung der Kongruenz liegt jenseits der Selbstidentität des Objekts. Mit anderen Worten: Die Messung setzt das Messbare voraus, und die Theorie des Messbaren ist die Theorie der Kongruenz.

Darüber hinaus wirkt sich die Zulassung von Schichtungen in der Natur auf die Formulierung der Naturgesetze aus. Es wurde festgelegt, dass diese Gesetze in Differentialgleichungen auszudrücken sind, die, wenn sie in einem allgemeinen Maßsystem ausgedrückt werden, keinen Bezug zu einem anderen besonderen Maßsystem haben dürfen. Diese Forderung ist rein willkürlich. Denn ein Maßsystem misst etwas, das der Natur innewohnt; andernfalls hat es überhaupt keine Verbindung zur Natur. Und dieses Etwas, das von einem bestimmten Messsystem gemessen wird, kann eine besondere Beziehung zu dem Phänomen haben, dessen Gesetz formuliert wird. Zum Beispiel kann man erwarten, dass das Gravitationsfeld, das auf ein in einem bestimmten Zeitsystem ruhendes materielles Objekt einwirkt, in seiner Formulierung einen besonderen Bezug zu räumlichen und zeitlichen Größen dieses Zeitsystems aufweist. Das Feld kann natürlich in beliebigen Maßsystemen ausgedrückt werden, aber der besondere Bezug bleibt als einfache physikalische Erklärung bestehen.

ANMERKUNG: ZUM GRIECHISCHEN BEGRIFF DES PUNKTES

Die vorangegangenen Seiten waren für den Druck freigegeben worden, bevor ich das Vergnügen hatte, Sir T. L. Heaths *Euklid in Griechisch* zu sehen [14]. Im Original lautet die erste Definition von Euklid

$$\sigma\eta\mu\epsilon\iota o\nu \ \epsilon\sigma\tau\iota\nu, \ o\upsilon \ \mu\epsilon\rho o\varsigma \ o\upsilon\theta\epsilon\nu.$$

Ich habe ihn bereits in der erweiterten Form zitiert, die mir in meiner Kindheit beigebracht wurde, "ohne Teile und ohne Größe". Ich hätte Heaths englische Ausgabe konsultieren sollen - ein Klassiker vom Zeitpunkt seiner Ausgabe an -, bevor ich mich auf eine Aussage über Euklid festlege. Dies ist jedoch eine triviale Korrektur, die sich nicht auf den Sinn auswirkt und keine Notiz wert ist. Ich möchte hier die Aufmerksamkeit auf Heaths eigene Anmerkung zu dieser Definition in seinem *Euklid in Griechisch* lenken. Er fasst das griechische Denken über die Natur eines Punktes zusammen, von den Pythagoräern über Platon und Aristoteles bis zu Euklid. Meine Analyse des erforderlichen Charakters eines Punktes stimmt vollständig mit dem Ergebnis der griechischen Diskussion überein.

[14] Camb. Univ. Press, 1920.

ANMERKUNG: ÜBER BEDEUTUNG UND UNENDLICHE EREIGNISSE

Die Theorie der Bedeutung wurde im vorliegenden Band erweitert und präzisiert. Sie war bereits in den *Grundsätzen der Naturerkenntnis* eingeführt worden (vgl. die Unterartikel 3.3 bis 3.8 und 16.1, 16.2, 19.4 sowie die Artikel 20, 21). Beim Durchlesen der Beweise des vorliegenden Bandes komme ich zu dem Schluss, dass im Licht dieser Entwicklung meine Beschränkung unendlicher Ereignisse auf Zeitdauern unhaltbar ist. Diese Einschränkung wird in Artikel 33 der *Grundsätze* und am Anfang von Kapitel IV dieses Buches dargelegt. Es gibt nicht nur eine Bedeutung der erkannten Ereignisse, die die gesamte gegenwärtige Dauer umfasst, sondern es gibt eine Bedeutung eines kogredienten Ereignisses, die seine Ausdehnung durch ein ganzes Zeitsystem vorwärts und rückwärts beinhaltet. Mit anderen Worten, das wesentliche "Jenseits" in der Natur ist ein definitives Jenseits sowohl in der Zeit als auch im Raum. Dies folgt aus meiner ganzen These von der Gleichsetzung von Zeit und Raum und ihrem Ursprung in der Ausdehnung. Sie hat auch dieselbe Grundlage in der Analyse des Charakters unserer Naturerkenntnis. Aus diesem Eingeständnis folgt, dass es möglich ist, die Punktspuren [d.*h.* die Punkte der zeitlosen Räume] als abstrakte Elemente zu definieren. Dies ist ein großer Fortschritt, da es das Gleichgewicht zwischen Momenten und Punkten wiederherstellt. Ich bleibe jedoch bei der Aussage in Unterartikel 35.4 der *Prinzipien,* dass der Schnittpunkt eines Paares von nicht parallelen Dauern sich uns nicht als ein Ereignis darstellt. Diese Korrektur hat keinen Einfluss auf die weitere Argumentation in den beiden Büchern.

Bei dieser Gelegenheit möchte ich darauf hinweisen, dass es sich bei den "stationären Ereignissen" nach Artikel 57 der *Grundsätze* lediglich um abstrakt-mathematische Ereignisse handelt.

INDEX